世界上最伟大的推销员

推销员

实践篇

[美]拿破仑·希尔 著

王俊兰 译

北京联合出版公司
Beijing United Publishing Co.,Ltd.

图书在版编目（CIP）数据

世界上最伟大的推销员．实践篇 /（美）希尔（Hill, N.）著；王俊兰译．—北京：北京联合出版公司，2012.5（2023.6 重印）

ISBN 978-7-5502-0696-0

Ⅰ．①世⋯ Ⅱ．①希⋯ ②王⋯ Ⅲ．①成功心理—通俗读物 Ⅳ．① B848.4

中国版本图书馆 CIP 数据核字（2012）第 085737 号

北京市版权局著作权合同登记号：图字 01-2012-1929 号

Napoleon Hill's Road to Success © 2011 Napoleon Hill Foundation

Chinese simplified edition published by Beijing Xinhua Pioneer Culture & Media Co., Ltd

Published by arrangement with Napoleon Hill Foundation,

through Mystar Agency

世界上最伟大的推销员．实践篇

作　　者：［美］希尔（Hill, N.）

译　　者：王俊兰

出 品 人：赵红仕

责任编辑：李　征

封面设计：赵银翠

北京联合出版公司出版

（北京市西城区德外大街83号楼9层 100088）

北京新华先锋出版科技有限公司发行

大厂回族自治县德诚印务有限公司印刷　新华书店经销

字数107千字　620毫米×889毫米　1/16　12印张

2012年6月第1版　2023年6月第3次印刷

ISBN 978-7-5502-0696-0

定价：39.80元

目 录
CONTENTS

CONTENTS

目　录

前　言

做世界上最伟大的推销员，你所拥有的最宝贵的商品便是你自己，而你穷尽一生要实现的便是让这个商品的价值得到完全、最大化地发挥。

你想取得成功吗？

你想拥有一个家，想在银行里拥有一笔数目不菲的存款吗？也许你还想要一辆属于自己的车，或者是其他一些能让你在工作闲暇之余享受到便利的物品。

事实上，你的确可以拥有这一切！不仅如此，如果你能按照本书的建议去做，你会拥有更多！这本书要告诉你的是如何实现你的价值，如何经营你的人生，如何在通向成功的路上走得更远、更精彩。

前人已经付诸实践，在这条坎坷的路上为你竖起路标。这十四个指示路标将会指引你前行的方向，告诉你成功之路要如何走。如果你能读完这些信息并且按照路标的指示去做，那么任何事物都无法阻止你走向成功。

为你竖起这些路标的是一个已经功成名就的人。他现在住有成宅，出有香车，银行里还有一笔可观的存款；他现在娇妻在侧，美儿绕膝；他现在事业成功，安享自在。他完全是靠自己一个人白手起家打拼出了这些，你所不具备的他也不曾拥有。就在不久之前，他还不过是煤矿里一个小小的矿工而已。

然而这个人成功了，正如你也能取得成功一样——只要你能沿着本书提供的成功路标走下去。

序

你是否也曾好奇为什么有些人能功成名就，而有些人却始终只能与成功遥遥相望？拿破仑·希尔从童年时代就开始思考这个问题，并且花费了一生的时间来探索这个古老问题的答案。他一直试图解答，为什么一些人能成功，而成千上万的人则与成功无缘。值得注意的是，他探究这个问题的方式及获得的答案都与众不同。

拿破仑·希尔出生于弗吉尼亚州西南部的一个偏远山区。在他小的时候，没有任何迹象表明他日后会成为美国历史上最成功的人士之一。而关于他出生的那个小木屋，他曾经这样说："我们家里有三代人都在这里出世、生活，在愚昧无知和一贫如洗中苦苦挣扎，而终其一生他们也不曾走出大山。"

与弗吉尼亚州东部的大都市相比，该州西部的生活非常落后。人们平均寿命很短，死亡率很高。许多偏远地区的弗吉尼亚人由于营养不良而饱受各种慢性疾病的折磨。

从某种程度上来说，彼时的希尔几乎没有任何成功的可能性。他的母亲二十六岁时便过早地离世了，而当时希尔才只有十岁。一年之后，希尔的父亲再婚，这成了年幼的希尔生命中的一个转折点。希尔的继母玛莎·拉米·班纳是一位受过教育的女性，她是一位高中校长的遗孀，而且她父亲是一名医生。希尔的新母亲在他身上看到了不曾被其他人发现的潜质。在他很小的时候，家里人就拿一把枪换了一台打字机，他的继母教会了他如何使用。希尔十五岁的时候，他已经开始用这台打字机敲出他的新故事了。在他的一生中，这台打字机起了不可估量的作用。

除了比较大的城镇和市区之外，弗吉尼亚州各地的教学资源都十分匮乏。位于山区的小学每年只开放四个月，而且根本没有人关心学生是否按时来上课。

高中则更加稀少，在整个弗吉尼亚州大概只有一百所，而且大部分学校只开设两到三年的课程。希尔二十岁的时候，整个弗吉尼亚州只有十所学制为四年的高中。在这样的背景之下，希尔能够摆脱一切，取得成功，并影响了成千上万人，这不能不说是一个奇迹。

在他的文章、书籍和演讲中，希尔经常提起他的童年。他关于童年的回忆大多数都是负面的，或许正因为如此，希尔总愿意不断谈及他白手起家的创业历程。

在弗吉尼亚州怀斯县完成了学制为两年的高中教育后，

希尔开始梦想着自己能成为一名经理。在考入他家乡附近的塔兹威尔县商学院之后，希尔开始选修一些课程，他希望能够从秘书做起，并为自己未来进入商界打下基础。

之后，希尔选择前往弗吉尼亚州西南部山区中最为成功的商人那里工作。希尔说当时他提出在试用期间会为这份工作而给他的老板支付薪水。

鲁弗斯·艾尔将军，这个当地最富有、最成功的人，将成为希尔的新老板。

联想到希尔一贫如洗的成长环境、贫乏的知识储备，我们不难理解他为什么想为艾尔将军工作。

当希尔完成了他在商学院的学业之后，他给艾尔将军写了这样一封信：

我刚刚从商学院毕业，我能胜任您的秘书一职——而且我对这个职位向往已久。

因为我没有任何工作经验，所以我知道在为您工作的初级阶段，我的收益肯定比您要多。正因为这一点，我愿意为此付给您薪水。

您可以向我收取一笔对您而言比较公平的费用，但前提是在工作三个月之后这笔钱应该成为我的薪水。在我开始真正赚钱之后，您可以从我的工资中将我需支付给您的这笔钱扣除。

　　艾尔雇用了年轻的拿破仑。他上班后起早贪黑，而且不计得失地承担自己分外的工作。不计得失、多多承担到后来成为了希尔的成功法则之一。

　　后来，当希尔开始研究成功人士以及他们走向成功的原因时，艾尔的宝贵经历对他大有裨益。在美国内战期间，当时还很年轻的艾尔在南军里服役。战争结束后，艾尔在一家商店里工作，然后又去读了法律，成了一名律师，后在弗吉尼亚州担任司法局局长一职。作为一名成功商人，他参与组建银行、经营煤矿以及其他商业活动。正是在艾尔经历的启发下，希尔萌发了去法律学校读书这一念头。

　　希尔还向弟弟维维安保证，如果他被美国乔治敦大学录取，他将发挥自己的写作才能帮助两个人都完成大学学业。

　　希尔收集的那些信息为他从事写作和演讲提供了素材，也在不断推动他的事业向前发展，在这二十年间，希尔一直在进行写作、演讲，在课堂上教授成功法则，以及筹办自己的杂志。希尔刊印了《希尔杂志》和《拿破仑·希尔黄金法则杂志》。正是来自这些杂志中的文章构成了目前你手里捧着的这本书。这些文章会给你一种前所未有的洞察力，而这会使你受益一生。

希尔在《鲍勃·泰勒》杂志社工作期间得到了采访安德鲁·卡内基的机会，地点就在卡内基位于纽约的豪宅。卡内基年纪轻轻来到美国，此前所受教育十分有限，然而通过辛勤工作和投资，他早早就成了一名百万富翁。在希尔去采访他的时候，卡内基——这位美国钢铁公司创办者，已经七十四岁了。去世之前，卡内基把出售美国钢铁公司所得到报酬中的三亿五千万美元捐赠了出去。

卡内基跟希尔讨论了成功的一些法则。在谈话中，卡内基向他提出了一个很具挑战性的工作，让他去采访并研究一些成功人士的生活。最后希尔把自己的这些发现编辑成了一套法则，为的是使其他人也能参照这些法则来实现自己的梦想。

卡内基把希尔介绍给了那些时代的领军人物，诸如约翰·洛克菲勒、托马斯·爱迪生、亨利·福特、乔治·伊斯门等等。你会明白为什么希尔的书能风靡全世界并能影响到当代的励志运动——这种影响在历史上是前所未有的。

唐·格林

拿破仑·希尔基金会执行总裁

The Greatest Salesman In The World

路标一　明确人生目标

▶▶ 明确人生目标

在今天的太阳落山之前，你必须确定你人生中明确的目标是什么。在作出决定之后，你必须用简单明了的语言清楚地把这个目标写下来。这个目标的表达应该清楚到任何人看了之后都明白你的意思。你需要在这份目标书上签上自己的名字，并在每晚睡觉之前阅读这个目标书，而且要连续读十二天。

我的目标是 _____

_____

签名：_____

举例来说，假如你的目标是拥有一套属于自己的房子、一辆车、一笔数目可观的银行存款，以及一份能让你过得悠然而舒适的收入，那么你可以用下列文字来表述自己的目标：

我人生中的明确目标是拥有一套房子、一辆车、一笔数目可观的银行存款，以及一份能使我悠闲地享受生活乐趣的收入。作为回报，我将尽自己最大努力为他人提供最优质的服务，我会管理和约束自我以便使我的客户对我的服务感到满意。为了确保我的上司对我的工作始终赞许有加，我会不计成本地努力做到最好。因为常识告诉我，这种习惯会使我成为一个广受欢迎的雇员，而且最终会为我带来高额的回报。

签名：_____

心理学家认为，任何一个写出类似前面那样明确目标的人，如果能在每晚睡觉之前阅读这个目标书，并且坚持十二天的话，都会确信自己的目标能够实现。

记住，这个明确的目标是成功之路的起点，而且，也要记住，在我为您标示出成功路标之前，我也只是一个煤矿工人，每天做着低微的工作，我并没有受到很好的教育，但最终却很快攀上了成功的巅峰。事实上，你也能做到这一点，只要你能按照这本书里所传达的信息去做。

意外收获

从写下明确目标的那天起，你就会发现事情开始沿着你预定的方向发展：你会注意到同事对你更加宽容体谅，上司会更加注意你的工作，也会对你更加亲切，会有一股莫名的力量助你一臂之力；你会所向披靡，就好像有一支友善的特别行动队始终跟随在你身后，并随时准备在你有困难的时候给予帮助。

同样，你会注意到自己对待同事和上司的态度也和善多了，面对朋友也更有耐心了；他们会越来越喜欢你，到最后你周围再也没有敌人了。每个人都开始友善地对你，而且这些朋友也会帮助你走向成功。

不要质疑这种做法是否适合自己！按照这一章以及随后几章中所提供的建议去做吧。从你开始实践的那一刻起，一年之内，人们会为你在改造自己个性上所取得的成就感到震惊，你会发现自己极具魅力，人见人爱。同样，你还会发现，所有认识你的人都会特意为你提供机会，这一切仅仅是因为他们喜欢你。

真理的支撑

你的世界取决于你内心深处的强烈愿望。

这是因为内心深处的秘密会在潜意识中吸引你的注意力。"一个人心里所想的是什么，他就会成为什么。"请注意这个词组"心里所想"，或者如哈姆雷特所表达的"内心深处"。在圣典中希伯来作家们曾用"内心"这个词来表述人类的情感本性，他们当时可能对现代心理学一无所知，但是正如约翰·赫曼·兰德尔在他的《文化人格》中所指出的那样，这些希伯来作家实际上是抓住了一个重大的心理事实，即所有的思想都发源于初始的情感或者感觉。人格被认为是理性、情感、意志这三种自我意识的集合体，它在一种创造性的过程中找到自我表达的方式。而这个创造性的过程起源于某种冲动或者情感，然后过渡到思想，最后结束于一种理想行为。在我们上面的分析中，我们的世界是由我们内心深处的强烈愿望所决定的，而且这种愿望会发展成我们的人格。

占主导地位的愿望会帮助我们塑造自己的人格。简单来说，一个人最强烈的愿望是什么，他就能成就什么。上面这句话适用于任何人。皮尔黎（著名探险家）曾说，整整二十四年，无论是梦中还是清醒时分，他人生的唯一梦想和目标就是到达北极。爱迪生和白炽灯、斯蒂文森和火车、富尔顿和蒸汽轮船、拿破仑和欧洲霸权、圣女贞德和法国的解放、圣徒保罗和传教事业等等，所有这一切都是对那种强烈的、控制一切的愿望所作出的回应。这些祷告可能是真，也可能是假，但是你所求的是什么，你就会得到什么。这一点警示我们：要保持自己愿望的纯洁性，个人的愿望不要过于自私，要使个人的愿望与公众的利益相一致。

了解一个人坚定不移的愿望，然后你就可以推断出他的未来会是什么样子。告诉我某人家里墙壁上挂的是什么画，他的书房里都有什么书，他所看的电影是哪一类的，他周围都有什么样的朋友，然后我就会告诉你这个人内心深处的愿望是什么。原因是，墙上所显示的就是他的想象世界，书房里藏书的内容正是他内心的声音，从他嘴里说出的言语也正是他梦想的写照，一个人的思想世界所制约的就是他的潜意识。

如果你的世界也是由强烈愿望所决定的，那么要想为自己创造出一个美好的世界，唯一的办法就是——如拉尔夫·瓦尔德·川恩所说——"让自己思想无限"，如伟大的开普勒所说——"让上帝沿着你的思路思考"。

名人实践

　　大约二十年前，一位美国作家写了一本书，书名是《超越奴役》。如今这本书的作者已然作古，然而他的书却仍然留存。在阿拉巴马州塔斯克基，这本书如一座丰碑，永久留存在一代又一代人心里。

　　这个作家名叫布克·华盛顿。他的纪念碑就是他为自己种族的人民所创建的工业学校。这座学校向学生传授的是学会工作之荣耀。

　　在我朋友的推荐下，我刚刚读过《超越奴役》这本著作。在我看来，我们应该为自己多年前未读过这本书而深感惭愧，因为这是一本人人——无论男人、女人——都应该在人生早期阅读的书。

　　如果你会时不时地感到灰心丧气，那么就去图书馆找到这本书来好好读一读。这本书会告诉你导致灰心丧气的真正原因是什么。

　　布克·华盛顿生来为奴，他甚至连自己的生身父亲是谁都不清楚。在奴隶们被解放之后，他有种极其强烈的渴望，那就是让自己接受教育（请注意"渴望"这个词在这种环境下具有的极其重要的意义）。

　　华盛顿听说在弗吉尼亚州汉普顿市有一所专门为有色人

种开设的学校。在没有任何盘缠的情况下，他出发了。他从弗吉尼亚州西部的那座简陋的小木屋，步行到了汉普顿（位于弗吉尼亚州东南部）。

在弗吉尼亚州的里士满市，他停留了数日，在那里的一艘船上做苦力，干的是卸货的活。他所居住的"宾馆"就在一个用木板隔起来的人行道的下面，而他的床是冰冷的大地。他把自己做苦力所挣来的每一分钱都小心地攒着，只除了每天要为了那些粗糙的食物所花费的钱之外。每天夜里他都能听到来自上方的人行道上所发出的"扑通扑通"的脚步声。我们不难判断，他的这个住处实在让人不敢恭维。

但是他急切地希望让自己接受教育。而当人们拥有这种要得到某物的极其强烈的愿望时，无论他们肤色如何，无论他们囊中多么羞涩，在达到自己目标之前，他们是不会罢休的。

当在船上做工的日子结束之后，华盛顿继续向汉普顿方向前进。到达那里时，他口袋里的全部家当是五十美分。学校负责人上上下下打量了他好多遍，听他讲述了他的故事，但是并没有明确告诉他究竟能否进入那所学校去学习。

最后，学校里的一位女负责人让他参加了入学考试。虽然这个考试与哈佛、普林斯顿或者耶鲁那里的全然不同，但它毕竟也是个考验。这位女士要求他进去打扫一个房间。

华盛顿带着一定要做好这个工作的决心走了进去。这一切皆是因为，他有着迫切要进入这个学校的愿望。他把这个房间打扫了四遍，最后他手里拿着抹布，仔细地检查了这个房间的每一寸地板。

那位女士随后进来检查他的工作。她拿出自己的手帕，想看看地上是否有一丝灰迹，然而这种努力显然是徒劳的，地上一尘不染。她告诉这个年轻的黑小伙："我想你可以进入这所学校学习。"

到布克·华盛顿去世的时候，他已经达到了这样一种高度：他与国王和当权人士"接触"，而且这种"接触"是在对方的邀请下进行的。他所寻求的不是特权，而是在社会本质基础上与白人之间的一种平等。

作为一名公共演说家，他使站在他面前的听众为之倾倒。他的风格是简约的，他没有华丽的辞藻。他从不虚张声势，他总是自然大方。他那简约、直截了当的风格不仅打动了与他肤色一样的人，而且也使他在美国以及其他很多国家的白人心中占有一席之地。

那些因为各种原因而追寻荣耀的人应该从华盛顿的故事中明白一些事。

华盛顿告诉别人，让他们多花些时间去学习如何砌砖、建造房屋，以及如何种植棉花，而不是学习某些废弃了的语言或文学。他明白"教育"这个词的真实含义，他知道"教育"意味着人自内而外的发展，我们要学会为他人提供他们需要的服务，学会如何在不侵犯他人利益的情况下得到自己所需要的东西。

阿拉巴马州的特斯基吉市现在是美国最发达的城市之一。它以华盛顿创建的那所学校的成就而闻名，这种名望不仅仅限于美国，而是传遍了全世界。这所学校在自内而外的发展中孕育出了一个杰出的城市。

在《超越奴役》中，布克·华盛顿有一句话十分引人注意，就好像他心中蕴涵着一颗明亮的星一样。他说判断一个人是否成功，不应该由他所取得的成就决定，而应该由他所克服的困难来判断。

布克·华盛顿出身奴隶。在他幼年时，从来都是衣不蔽体、食不果腹。长大之后，他克服了许多我们普通人难以忍受的困难。他同时挣扎于两种不同寻常的困境中，一种是种族偏见，一种是贫穷。

但是，尽管存在着诸多障碍，在这个世界上他还是为自己和自己的种族赢得了一席之地。这一切可能会使其他面临着较少困难的人称羡不已。

他说得没错！判断一个人是否成功不能看他拥有多少物质财富，而是看他在前进道路上克服了多少障碍。

读一读华盛顿的这本书吧。带着这本书到一个安静的角落里去，边读边思考。把华盛顿所遭遇的困难跟你自己过去或现在所面临的那些所谓不可克服的困难比一比。这本书会带给你很多的启发。

这本书不但富有教育意义，而且十分有趣。华盛顿使人泪中带笑，笑中带泪。因为极度贫穷而买不起商店里所卖的那种帽子，他的母亲用两块旧布给他做了一顶。当他戴着它走出家门的时候，其他戴着买来帽子的黑人孩子嘲笑他、讥讽他。而后来，那些取笑他帽子的孩子有的进了监狱，有的仍无所事事，他们都没能使自己或者自己种族的境况有丝毫改善。

所有那些想要把写作当成自己职业的人都应该读一读《超越奴役》。这本书坦率直白，无所隐瞒。在这本书里，华盛顿对自己和自己种族的描述不卑不亢，不偏不倚。这本书思路清晰，逻辑严密，真理蕴涵于其中的每一页里。读读这本书吧。

现在你该去研究一下自己过去的经历，看看所学的哪些东西对自己有益，弄清楚在有生之年自己希望能完成什么目标。

请问自己下列几个问题，并强迫自己给出答案：

1. 我从自己的失败和错误中学到了什么？这些教训对我的将来是否有用？

_____

2. 我所做的事情有助于提升自己，实现人生中更高的目标吗？我都做了些什么来使这个世界变得更加美好？

_____

3. 教育是什么？我如何实现自我教育？

_____

4. 报复那些曾伤害过我的人对我究竟有无好处？我如何才能找到幸福？

_____

5. 我如何能取得成功？成功又是什么？

_____

6. 最后，在我放下一切躺进坟墓之前，我希望自己能成就什么？我人生中明确的目标是什么？

_____

还要提醒你的是，在动笔之前要三思。这些答案可能会使你大吃一惊，因为如果要仔细回答的话，这些问题所引发的深度思考要比普通人一生所进行的思考都多。

在回答最后一个问题之前请一定慎重考虑。要弄明白在这一生中你真正想要的是什么，然后要弄明白如果你实现了这个目标的话它能否为你带来幸福。

人生中一个超越一切的目标是：寻找幸福。审视自己，你就会发现你所有的动力都最终指向了对幸福的追求。你想要钱，这样你可以经济独立，生活幸福；你想要一个家园，想要奢侈品，因为这些可能会使你幸福。

而且，在你寻找这些问题答案的过程中，你肯定会发现，幸福——这个唯一能使人满足、使人忍受人生痛苦的东西——只能来自对他人的给予。沿着这条路去寻找的话，你不需要花费一分一毫就可以找到它。自你给予他人帮助、向他人传递幸福的那一刻起，你自己也同样拥有了巨大的幸福。

如果，在你确定的目标中，也包括幸福这一项的话，那岂不是很好？

唤醒渴望

　　每个人都是一个正在沉睡的天才。他们的天分需要"强烈愿望"这双手的温柔触摸，只有它才能把天分唤醒，使其开始行动。

　　你的同伴们，那些被悲伤催压的人们正在探索出路——那条路在失败的黑暗中延伸向前，通往成功。所以你也一样大有希望。

　　你可能已经经历过多次失败，或者你已经跌入人生低谷不可自拔，但这一切没什么大不了，你可以东山再起！所谓人生中机遇敲门的机会只有一次，说这话的人实在是大错特错，机会日日夜夜都站在你的门外。是的，机遇女神并没有敲你的门或者试图破门而入，但是并不表明她不在那里。

　　屡战屡败的话该怎么办？每一次失败都是一次被伪装过的祝福——它磨砺你的心智，让你为下一次尝试做好准备！如果你从未尝到过失败的滋味，那你应该可怜自己，因为你错过了生活所给予的最为真实的教育。

　　如果过去犯过错误该怎么办？哪个人没犯过错误呢？去找找那些从来都没犯过错的人，然后你就会发现他们也从来没有干过值得一提的事儿。

你现在所处的位置与你渴望的地方之间不过咫尺之遥！也许跟其他人一样，你已经沦为习惯的奴隶，也许你已深陷于各种琐事之中不能自拔。要鼓足勇气——因为希望仍在！也许财富已经与你擦肩而过，而贫穷始终在你左右。要鼓起勇气——对所有人来说，始终都有一条路可供选择，你可以富有智慧地运用它为自己服务，而且这条路是如此普通而平凡，以至于你是否会选择利用它这一点倒是值得怀疑的。但是，如果你能利用它的话，那么你肯定会得到回报的。

渴望是人们一切成就的先驱！人类的心灵无比强大，它可以生产出你所渴望的财富，可以使你达到你所期望的高度，可以使你得到你所盼望的友谊，可以使你具备取得一切成就所必需的任何品质。这一点毋庸置疑。

就我们在这里所说的一切而言，愿望和渴望是有很大区别的。愿望不过是我们所盼望的事物的一粒种子或者一枝嫩芽而已，而强烈的"渴望"却是我们所渴求事物的萌芽，加上肥沃的土壤、阳光，以及雨水这一切，必要的因素最终孕育出来的强大产物。

强烈的"渴望"是一种神秘的力量，它能唤醒人脑中沉睡的天才因子，并使其开始认真工作。渴望是一丝火花，它迸发出人类努力之下的一簇火焰，它所产生的蒸汽驱动了"行动"这一机器。

人生是建立在一长串的决定之上的，你可以选择立刻作出决定还是让机会白白溜走。做或者不做都同样地影响着我们，进而产生或好或坏的结果。只要我们还活着，那么我们就需要不停作出各种决定，而这些决定势必对我们产生影响，进而最终塑造我们的性格。

这些影响数量很多，种类繁杂，它们激发了"强烈渴望"，并使它产生作用。有时候这种影响来自某个朋友或者亲人的去世，而有时候则来自个人经济上的窘境。无论是哪一种失望、痛苦、不幸，都会引发人类情感的波动，促使它寻找新的途径来发挥其作用。当你明白失败不过是一时的处境，它会激发你采取行动的时候，你就会清楚地发现失败其实是祝福的伪装形式。而且，当你能以这种态度来看待不幸和失败的时候，在这个世界上你就拥有了应对一切的力量，你就会从失败中获益而不是任由失败把你拖向深渊。

终有一天你会幸福的！当你发现你所期盼的一切都取决于自己而不是别人的时候，这一天就到来了！但是这一天到来的前提是，你得发掘出"强烈渴望"的力量。

现在就开始行动吧！就在今天，弄清自己一生中想得到的是什么，培养出一种强烈而不可抑制的渴望，强化这种渴望，完善这种期盼，使它占据你的身心。白日里想它，夜晚里梦它，每时每刻都将注意力集中于这种渴望之上。把它写

在纸上，放在你时时刻刻都能看见的地方，不遗余力地争取
使之成为现实。之后你就会发现，就像是魔法师挥舞魔杖那
样，一切会成为现实，你会梦想成真！

阅读笔记

在您阅读完本章内容后，请写下对本章要点的理解，以加深对它的感悟。

本章要点	你的世界取决于你内心深处的强烈愿望。
个人理解	
本章要点	占主导地位的愿望会有助于人格的形成。
个人理解	
本章要点	近期目标与长期目标。
个人理解	

本周实践记录

请在深入理解本章内容后，将其用于工作实践，并记录每天的实践内容。

星期一

_____

_____

星期二

_____

_____

星期三

_____

_____

星期四

_____

_____

星期五

_____

_____

> 灵魂如果没有确定的目标，它就会丧失自己。到处在等于无处在，四处为家的人其实无处为家。
>
> ——贺拉斯

本周自我评价

请为您本周每天的工作表现进行评价，并为其打分。

1> 差　　2> 较差　　3> 一般　　4> 好　　5> 非常好

星期一

_____

_____

评分：_____

星期二

_____

_____

评分：_____

星期三

_____

_____

评分：_____

星期四

_____

_____

评分：_____

星期五

_____

_____

评分：_____

路标二　树立信心

▶▶ 树立信心

　　要确保成功，你必须树立信心。当然，让身边的人相信你是帮你树立自信的重要条件。不过，除非你确实具有某种实力，否则别人是不会相信你的。

　　如果今天你所遇到的每个人都告诉你，你今天看起来气色不好，那么今天结束之前你肯定会去看医生。如果接下来你与之交谈的三个人都告诉你，你今天看起来病恹恹的，那么你就会开始感到精神确实不好。

　　从另一方面来说，如果你今天所遇到的每个人都说你很讨人喜欢，那么这就会促使你相信自己。如果你的上司每天都对你表示赞许，称赞你的工作做得很出色，那也会促使你对自己产生信心。如果你的同事每天都告诉你，你的表现越来越出色，你就会对自己有很大的信心。

　　事实是，我们都需要别人相信我们，鼓励我们。

给信心立字为据

曾有人说，一个人的妻子可以引导他走向成功，如果她能让他每天去上班时都面带愉快笑容，能每天都给予他一句鼓励的话。而对于我来说，成功很大程度上也要归功于我的妻子。每天，她送我出门去上班的时候都传递着这种令人鼓舞的想法："你今天会工作顺利的！"

她总是告诉我，我是一个非常出色的男人。有一天她做了一件非同寻常的事，她为我拟写了这样一个信条，并让我签名，而且要挂在我每天工作时都能看到的位置。这个信条内容如下：

我相信我自己。我相信那些跟我一起工作的人。我相信我的上司。我相信我所有的朋友。我相信我的家人。我相信如果我尽力凭借忠诚、效率和正直去为他人服务的话，上帝会给予我获取成功所需要的一切。我相信祈祷的力量。我会对他人充满耐心，我会对那些与自己意见不合的人满怀宽容。我相信成功是智慧和勤奋的必然结果，成功并不取决于运气，或是苛求他人、欺骗朋友、同事或下属。我相信在人生中必然是种瓜得瓜种豆得豆，因此在与他人交往中我会小心谨慎，我也会愉快接受他人对我的意见。我不会诋毁那些我不喜欢的人。无论他人在做什么，我都不会轻视自己所做的工作。我会竭尽全力为他人提供最好的服务，因为我已经向自己保证过要在人生中取得成功，而我知道，成功常常是勤勤恳恳努力的结果。最后，我会宽恕那些冒犯我的人，因为我意识到我有时也会冒犯他人，我也需要他们的宽恕。

签名：_____

读过这个信条，看过我为之努力去做的事情之后，你还不明白我为什么能从一个矿工白手起家走向成功并获得大量财富吗？

你也应该在这个信条上签下自己的名字，并且把它放在你工作时随时都能看得见的地方。刚开始的时候你也许会觉得要做到这个信条上所说的一切真的很难，但是，每一件值得我们争取的事物都需要我们付出一定的代价才能得到。自信的代价就是：勤勤恳恳地按照这个信条上所说的去做。

如果你已经结婚了，请把这个信条拿给你的人生伴侣看看。如果你还没有结婚，请把它拿给那些你希望成为自己人生伴侣的人看看，并请求他（她）帮助你按照这个信条中所说的去做。

自信为先

如果想让别人相信自己，你首先要自信。如果你希望别人认为你能成功，你首先需要相信自己能成功。这个世界对你的认可度很大程度上取决于你对自己的评价。因此，请提高对自己的评价。

相信自己会让你获益良多，而且你因此而具有的人格魅力会使得他人也产生自信。我工作中很重要的一个部分便是帮助他人建立自信，而这也使我收获了财富。某天我收到了一位成功商人的通知，这位商人把我列为其遗产的最大继承人。这位商人对此进行了如下解释："您的一本书帮助我走向了成功。因此我要把自己的部分财富赠予您，以便您能继续去帮助他人，就像您曾经帮助了我那样。"

帮助他人树立自信、实现成功，不仅仅能给我们带来金钱收益，而且也能使我们收获内心的幸福和满足。如果你能掌握这门艺术的话，你从中所得到的收益将远远超过你的预期，并且在潜移默化中你会逐渐拥有一些珍贵的品质，这些品质是无法通过金钱来交换的。但是，实现这一切的前提是你要相信自己，这是你所有行动起步的首要条件。

请告诉自己：

"我"！

我是整个世界上最重要的人。在我身上蕴涵着取得成功所需的一切要素。我的体内蕴藏着所有能使我实现梦想的潜能——无论这种梦想是关于成功还是关于幸福。

你所梦想的一切都能实现——因为，在挖掘自己能力的过程中，你会对自己的梦想和渴望不断地进行评估。而对自己梦想的正确理解有助于你认清自身实现梦想的能力。

荣誉、金钱以及权力可能会在偶然之中不请自来，但是它们不会为你服务，而且如果你没有为它们的到来做好准备并且知道如何利用它们的话，它们最终仍会离你而去。

一个人的能力蕴藏在他自身里，一个人的首要职责是对自己负责。在忠实执行自己职责的过程中，你不可避免地会在你所处的社会里留下你的影像，你也会无形中提升自己所在环境的标准，并给自己周边的人带来尊严。

也许你不过是在巨大商业世界里工作的成千上万人中的一个而已，你个人的职责也许看起来简单又渺小，也许在这一切面前实在没什么可以激发出你的热情、张扬出你的自豪感——那也要做回自己，展示自己。你在心里认为自己所做的工作是什么样，那它就是什么样，所有的一切与你的想法都是相匹配的。所以真正重要的，不是你的工作，不是你的薪水，不是你目前的境况，也不是你未来的前景，而是你的内心。

自信的秘诀

◆ **相信自己有做大事的能力。仅仅做到自信这一点就能促使别人对你产生信心。**

无论他人要求你做什么事情，你都应该全身心地投入进去。你应该争取那些上层人物的注意，而只要你在做事过程中精力充沛、行事有条不紊的话，他们就不得不注意你。所以这一切都取决于你自己。

对自己的命运持悲观态度无异于贬低自己，而这对你毫无益处。我们要下定决心去赢得那些美好事物，要准备好并以急切的态度去争取美好的东西。这些举动必然会给我们带来回报。

没必要非等到别人去世自己才能升职。不过如果你愿意，那就等好了，但是确实没有必要。在等待中你只会厌烦自己，使自己更缺乏竞争力。而这一切都只能由你自己来负责。如果公司里的每个人——无论男人或女人——都能大胆地表现自己，对自己充满信心，并且依据自我看法来努力工作的话，没有哪个公司会靠资历来提升员工。当然，在衡量自己重要性的时候，要避免过于自大，要避免过度地自我膨胀。一个恰当的自我评价里必须包含一定的自我控制力。

当你意识到自己的重要性的时候，你得控制这种自我感觉，这样你才能以一种理性冷静的方式发挥自己的才能。实际上你比自己所认为的还要重要，请谨记这一点。

争取把自己目前所做的工作做好，要比以前曾做过这个工作的同龄人或者与你经验相当的人做得更好，这样你才能表明你适合承担更重的职责。这些更重要的职责降临在你身上的时候，你应该用同样积极的精神去面对，如果你能一直这样的话，那么升职就是必然的了。

大多数真正伟大的人都起点很低——他们的起点远在你之下，无论你现在的位置有多低。但是他们找到了自我，他们了解自己，他们认识到了"我能行"的自信的力量。除非你认为自己已经足够强大能抓住到手的机遇，否则机遇是不会光顾的。

◆ **下定决心做好你正在做的事情。展示出你事半功倍的办事能力。**

你并不是注定要永远待在你现在所在的这个职位上，如果你准备好了去努力攀爬的话，你就还有上升的空间。攀爬的过程乐趣多多。对那些有自己人生目标的人来说，简单乏味的工作是没有意义的。

一份更理想的工作正在前方等着你，但是你不能仅仅等待着它的到来。无论你如何或是何时得到它，你都必须把现在的工作做好，然后准备好去接受另一份工作。这个世界正需要那些自我评价较高的人，需要那些能通过有效地完成每一项任务而为自己赢得尊严的人。有比现在更好的工作在等着你，但是你必须表明你有资格获得，而证明自己资格的办法就是，做好你目前的工作，使其足以证明你的能力，证明你做这些工作是绰绰有余的。别人会看见你的能力，他们也会充分利用它。

任何值得拥有的事物都值得你为之奋斗。不要为他人的成功感到妒火中烧或者哀叹自己时运不济。多花些时间来实现自己的目标，把时间投入到你手头的任务上来，不要太在意事情的结果，该来时一切自然会来，也必然会来。这是亘古不变的法则。

◆ 把自己当成一个极具价值的人来看待，对自己严格要求，自己充当自己最严厉的监工。

对你个人而言，世界上最伟大的杰作就是你本人。要正确地运用自己的才能，要有良好的自我评价，要为了自己而努力工作。他人也会在我们实现自我的过程中收益——请不要剥夺他们的这份权利。请一万分放心：你一定会得到回报，这一点是确定无疑的，它会和你为了得到回报所付出的那份劳动一样切实可靠。

◆ 不要自怨自怜，不要轻视自己的价值。要对自己抱有信心。

你自己就是世界上最重要的人。你能成为你想成为的那个人。没有哪个人能如你自己一样为自己付出那么多。要知道，每件事都取决于你自己。

名人实践

自 信

　　自我怀疑就是自我背叛，它会使我们因为害怕尝试而失去我们本来能赢得的东西。

——莎士比亚

　　林肯生于一个小木屋，然而最终进入白宫——因为他相信自己。拿破仑最初只是一个贫穷的科西嘉人，然而最终大半个欧洲臣服于他的脚下——因为他相信自己。亨利·福特最初只是一个贫困的农家小伙，然而最终他让自己制造的汽车跑向了世界——因为他相信自己。洛克菲勒最初只是一个穷困的书店店员，然而最终却成了世界上最富有的人——也是因为他相信自己。他们得到了自己想要的，因为他们深信自己的能力。

　　所以，请抛开你思想上一切多余的包袱，相信自己。这种自信可以给你源源不断的能量，它所能创造的奇迹也许有一天会令你自己瞠目结舌。

　　相信自己！

阅读笔记

在您阅读完本章内容后，请写下对本章要点的理解，以加深对它的感悟。

本章要点	给信心立字为据。
个人说明	
本章要点	如果想让别人相信自己，你首先要自信。
个人说明	
本章要点	挖掘自己的价值。
个人说明	

本周实践记录

请在深入理解本章内容后，将其用于工作实践，并记录每天的实践内容。

星期一
_____

_____

星期二
_____

_____

星期三
_____

_____

星期四
_____

_____

星期五
_____

_____

> 　　我们对自己抱有信心，这将使别人对我们萌生信任的绿芽。
>
> 　　　　　　　　　　　　　——拉劳士福古

本周自我评价

请为您本周每天的工作表现进行评价，并为其打分。

1> 差　　2> 较差　　3> 一般　　4> 好　　5> 非常好

星期一

_____

_____

评分：_____

星期二

_____

_____

评分：_____

星期三

_____

_____

评分：_____

星期四

_____

_____

评分：_____

星期五

_____

_____

评分：_____

路标三　主动性

▶▶ 主动性

成功故事

在我获得成功之前，我只是一个来自弗吉尼亚州怀斯县山区的贫苦孩子，所受的教育也十分有限。最初，我只能在煤矿里当送水员，无家可归，也少有朋友。

这个活儿并不算忙，因此在工作间隙我就会跑去帮助运煤司机们把骡子从车上解下来。有一天矿主从旁边经过，看见我正在帮司机们干活。于是矿主停下来问我，是谁让我来做这份额外的工作。

我当时只是回答道："没人让我这么干，反正我也闲着，所以我想如果我充分利用这个时间来帮司机们干活儿的话应该没人反对。"

矿主走开了，突然他又回过头来对我说："今晚你下班后到我办公室来。"当时我吓坏了，我以为自己要因为做了这份额外的活儿而丢掉工作。那天晚上，我带着恐惧的心情，颤抖着走进了矿主的办公室。

矿主似乎看出我很害怕，所以安抚我说没必要害怕。他让我坐在一边，然后对我说："我的孩子，你知道在这个矿上我们有几百个工人，而且有二十多个人专门负责看管那些工人，以便他们按照指示去正确做事。你是这几百个人中第一个在没人要求的情况下去帮助别人的人，因此我把你叫到办公室里来。你身上有一种很罕见的品质，那就是主动性。而且如果你能继续保持这种品质的话，只要你想要，那么这里的任何职位，你都能得到。"

然后矿主回到自己的工作中去了，我也站起来，悄悄地走出了办公室。这大概是我人生中最为幸福快乐的时刻之一了。在去办公室的时候，我原本以为自己会被解雇，但实际上却被褒扬了一番。

五年之后，我被任命为这个煤矿的总经理，手下有一千多个工人，那时的我可是全美国最为年轻的煤矿总经理。煤矿里所有的人都很喜欢我，因为他们对我有信心。在发薪窗口那里有一个巨大的牌子，上面写着：

写给我的同事们

五年前，煤矿里的现任总经理只是一个送水员，工资是五十美分一天。

有一天矿主看见这个送水男孩正在帮助运煤司机们从第三号卸货点把骡子解下来。

并没有人付钱让他做这个额外的活。也没有谁要求他做。

但是他做了。因为他想帮别人一把，减轻那些司机们的负担。

这样的主动性在任何人身上都是极具价值的。每个从这个窗口里拿到自己工资的人都有同样的机会，有机会坐到比这个送水男孩更高的职位上来，而且可以通过完全相同的方式做到这一点。

在工作中没有谁会要求你替别人做一部分工作，但是如果你这么做的话，也没有谁阻止你。如果有人能像我一样表现出如此主动性的话，那么他就可以获得这些工作里最好的一份，没有谁能挡住他获取这份工作的脚步。

从今天起你就可以利用这一点了：机遇总是垂青那些具有主动性的人，因为这也是"成功之路"上最重要的路标之一。

建议与收获

关于主动性这个路标，这里给出的建议是十分简单易行的。在接下来的十天中，运用你的主动性每天至少做一件与你工作相关但是没有人要求你去做的事，使之成为你的日常习惯。不要把你所做的事情告诉任何人，不过要遵从自己对自己的忠告，按照上面这些说明去做。如果你在工作当中没有办法做额外的事情，那么就提高自己的工作效率，在同样的时间内把自己的工作做得既快又好。保持这个状态十天，那个时候你就会引起你上司的注意了。十天之后，你也同样会看到，运用主动性的话，你的付出最终会得到回报，因为主动性会带来更大的责任，会带来更丰厚的酬金，而且会帮助你得到你在确定人生目标时所渴求的一切。

请作出正确选择

　　无论是在金钱还是荣誉方面，这个世界都会把最丰厚的奖赏赠与一件事物，那就是主动性。

　　什么是主动性？让我来告诉你：就是在没有人要求的情况下做正确的事情。

　　对于主动性稍差的人，他们会在别人要求之后便立刻去做。例如，美西战争爆发时，把信带给加西亚的罗文（注：西班牙和美国的战争即将爆发之时，美国急需和古巴起义军领袖加西亚取得联系，然加西亚隐蔽在古巴的偏僻山林中，无人知道他在何处。接到送信任务的罗文虽然也并不知晓，但却不曾提出任何疑问，而是即刻出发），他在接受任务之后，没有任何犹豫不决，而是马上出发。那些能传递出这封信的人会得到崇高的荣誉，但是他们的酬金并不总是与劳动成正比。

　　接下来，还有一些人要别人说上两遍他才会行动。这样的人得不到任何荣誉，他们所获得的报酬也不多。

　　更次之的是有一些人只有在迫不得已、火烧眉毛的时候才会去做合适的事情。这些人所得到的只能是他人的不屑而不是荣誉，而且他们所能得到的报酬也微不足道。这些人最终会终日无所事事地坐在长椅上消磨时光，伴随着他们的是一个霉运连连的人生故事。

然而，比以上所说的更低一档的人是那种即便有人跟在身边，手把手地指导，并且一直守在那里看着他们去做——即使这样也无法将事情完成的人。这样的人总是处于失业状态，处处遭人白眼——除非他们有一个有钱的老爸。可即便他们确实有一个有钱老爸，命运也会耐心地守候在某个角落，等待他们加入到那个已经爆满的废人俱乐部。

你究竟属于上述几种人中的哪一种呢？

——阿尔伯特·哈波特

阅读笔记

在您阅读完本章内容后，请写下对本章要点的理解，以加深对它的感悟。

本章要点	做自己的"监工"。
个人说明	
本章要点	主动承担额外的工作。
个人说明	
本章要点	对工作投入你全部的热情。
个人说明	

本周实践记录

请在深入理解本章内容后，将其用于工作实践，并记录每天的实践内容。

星期一
_____

_____

星期二
_____

_____

星期三
_____

_____

星期四
_____

_____

星期五
_____

_____

> 每一个人都应该有这样的信心：别人能承担的责任，我一定能承担；别人承担不了的责任，我也能承担。如此，你才能磨炼自己，求得更高的知识而进入更高的境界。
>
> ——林肯

本周自我评价

请为您本周每天的工作表现进行评价，并为其打分。

1> 差　　2> 较差　　3> 一般　　4> 好　　5> 非常好

星期一
_____
_____
评分：_____

星期二
_____
_____
评分：_____

星期三
_____
_____
评分：_____

星期四
_____
_____
评分：_____

星期五
_____
_____
评分：_____

路标四　想象力

▶▶ 想象力

成功故事

No. 1

一个人若想成功就必须运用想象力。在运用想象力之前，你并不见得必须受过良好的教育。当你发挥想象力的时候，你只是在旧观念的基础上建立起新的计划而已，就像用旧砖头盖起一座新房子一样。

一天，一个手里拿着托盘的年轻人跟在一队人后面，正准备在一家咖啡馆里吃自助晚餐。站在队伍里的时候，他的想象力开始飞转："开一家自助式的杂货店，让人们进来直接拿自己想要的东西，然后在出口统一结账，这难道不是个好主意吗？"

于是，他租下了一个小小的杂货店，然后把这个自助杂货店的主意付诸实践。现在他在几十个城镇里都开了分店。他的观念使他成了一个富人。这种自助式的杂货店不仅为顾客节省时间，而且相对来说也比较便宜。

你的任务：环顾一下四周，看看有没有机会运用想象力为自己服务。如果你能以更短的时间把自己的工作完成得更出色，那么你的这个想法就是很有价值的。如果你能帮助他人以较短的时间完成工作，那么这个点子也同样具有价值。任何能帮助我们省时省力的东西都是值钱的。请记住这一点，并随时随地去寻找那些能加以利用的计划或点子，因为它能帮助你走向成功。

No.2

在美国南方某些州里，人们种植棉花。过去，他们常常随意丢撒棉花种子，或是把它们倾倒成堆。这些种子毫无用处，可要运走的话又劳民伤财。

有一天，一个年轻人来到这里，看到了这些成堆成堆的棉花种子，他抓起一把，把其中一颗放在嘴里咬了咬，发现里面油脂丰富。

他找来一个锡盘，盛满种子，然后用锤子把种子压碎，再把这些压碎了的种子放进一个袋子里，从那里面挤出了油。他发现这些油非常有用，而剩下的那些残渣也是喂牛的好饲料。

这个年轻人发挥了自己的想象力，他发现其实那些被棉花种植者扔掉的种子才是这庄稼里面最有价值的东西。他开始购买这些种子，榨出油，然后把残渣用来喂牛。最终，这个点子使他成了一个非常富有的人。

你的任务：我们的身边总会有一些本身具有价值却即将被浪费掉的东西，也许你可以利用想象力充分挖掘这些价值，让微不足道的东西发挥最大的潜能。如果你能找到这样的机会，相信我，它就会帮助你踏上成功之路。

No.3

在太平洋海岸的加利福尼亚州，有一座城市非常非常靠近海洋。这座城市一直在不断发展，直到把那个地方所有的平地都填满了。

在城市的一边，有一座陡坡，它俯瞰着大海。人们无法在上面建造房屋，因为太陡峭了。而在陡坡下面，地势虽然平坦，但是大多数时间这里的土地都被黑色的海水覆盖着，用来建造房屋是不可能的。

没人认为这块地有什么用处，因为在上面盖不成任何房子。

有一天，一个富有想象力的人来到了这里。他爬上这个陡峭的山坡，俯瞰着那片被黑色海水覆盖的土地。然后他的想象力被迅速地调动起来。就这样，他看到了任何一个居住在这个城市的人只要运用想象力就可以看到的景象。

他找到了这片地势偏低、被水覆盖的土地的主人，然后以极低的价格买下了它。然后他又去找那个陡坡的主人，同样以极低的价格买了下来。这之后，他买了些炸药，炸平了那个陡坡，落下来的石头填平了那片洼地。就这样，那片洼地变成了一大片美丽的场地，而小山所在的地方也变成了平地。他卖掉了这块全新的土地，以供建房所用。短短数月，这个富有想象力的人通过把陡坡上的废物移到正有所需的洼地中去而收获了一大笔财富。

你的任务：在你工作的地方好好观察一番，如果你能利用自己的想象力，你就会发现某些改变能帮助人们节约人力、物力。你会发现有些方法可以使你事半功倍。而这些，无论对你还是对你的老板而言，都极具价值。

跟随伟人的脚步

没有哪个人能在竞争激烈的圈子中拥有自己的一方势力，或是能取得持久的成功，除非他强大到足以能在错误和失败面前反思自己。

在寻找成功之路这门学问的一系列课程中，想象力是最为重要的功课之一。

在工作中，如果你能运用自己的想象力，那你必然能一往直前。

三百多年前，一个贫穷的水手运用自己的想象力找到了一个新国家。在世界历史的记载中，那是对想象力最完美的一次运用。

那个水手的名字是克里斯托弗·哥伦布！

站在西班牙的海岸上，他眺望着大西洋，想象着在海岸的另一边必然有一块大陆。他召集了三艘小帆船，起航去寻找那片陆地。一天过去了，一周过去了，一个月也过去了，他都没能找到它，但是他没有放弃。

终于他驶着小船到了这片大陆。正是因为哥伦布的想象力，我们才拥有了今天这个世界上最美好、最自由而且最富有的国家。我们有了这样一个人人都可以安居乐业的国家，有了这样一个人人拥有信仰自由、人人都可以用自己的方式来崇拜上帝的国家。而当哥伦布扬帆起航去寻找美国的时候，在他的国家，人们并没有这样的自由。

一天，一个贫穷的年轻人乘坐一艘平底船沿密西西比河顺流而下。这个年轻人出生在一座小木屋内，家徒四壁，一贫如洗。

在新奥尔良，他看见白人正把一些黑人当做奴隶来进行买卖。他的想象力开始迅速飞转。在他看来，把黑人当成奴隶买卖是不对的。

他的想象力告诉他，在这样一个自由的国度，买卖任何人都是错误的行为。许多年过去了，这个乡下来的年轻人已经成熟起来，他记住了《圣经》中的一句话："你希望别人怎样待你，你就要怎样对待别人。"

在他看来，买卖奴隶这件事与耶稣所传授的教义是背道而驰的。他下定决心要在美国杜绝奴隶买卖。最终机遇降临，他被美国人推选为他们的总统。而这之后他开始果断废除奴隶制，禁止买卖黑人。这个人就是林肯，他为我们后来者树立了一个很好的榜样。他奋斗一生，努力使这个国家成为世界上最自由的国度。

林肯相信世界上处处有正义。他认为我们应该彼此之间坦诚相见。凡是在有人的地方，在人与人有交往的地方，我们都应该切身去实践《圣经》当中的那条金科玉律。林肯是我们最好的总统。他认为在美国的每个人都应该享有自由这项权利，每个人都有权享有自己的劳动果实，无论他是白人还是黑人。他认为在这个国家中，一个人只要言行合法、不为非作歹，那这个国家就有责任保护他。

发挥你的想象力吧，也许你也能作出一番事业，它将使你名列伟人之间，与那些已经超越了平庸的人并驾齐驱。

行动 "三部曲"

Step 1 想一想

坐下来，认真地想一想，有多少美好的愿望被你瞬间否定，有多少目标是你不敢想象、自认为无法企及的。请在思考之后，将它们逐一记录下来。

Step 2 看一看

看一看这些被你否定的愿望，去查阅一些资料，和朋友探讨一下这些话题。多去了解一些它们的背景，搜集一下实现它们所需要的素材。现在，请将这个过程中你所认为的困难逐一记录下来。

Step 3 试一试

看看这些记录在纸上的困难，请尽自己最大的努力去尝试克服它们。你可以选择调动身边的资源去帮助你，但务必让自己尽全力去尝试。在这个过程中，请将你克服的困难逐一记录下来，并回顾你的愿望，哪怕你有丝毫的前进，那么恭喜你，你已经踏上了成功之路。

阅读笔记

在您阅读完本章内容后，请写下对本章要点的理解，以加深对它的感悟。

本章要点	没有什么是不可能的，只要你全力以赴。
个人说明	
本章要点	梦想是没有任何条件的，不要用你眼中的世俗去约束它。
个人说明	
本章要点	你所规划的一切，最终必须付诸实践。
个人说明	

本周实践记录

请在深入理解本章内容后，将其用于工作实践，并记录每天的实践内容。

星期一

_____

_____

星期二

_____

_____

星期三

_____

星期四

_____

_____

星期五

_____

_____

> 只要我们能梦想的，我们就能够实现。
> ——刻在美国肯尼迪宇航中心大门上的人类誓言

本周自我评价

请为您本周每天的工作表现进行评价，并为其打分。

1> 差　　2> 较差　　3> 一般　　4> 好　　5> 非常好

星期一

_____

_____

评分：_____

星期二

_____

_____

评分：_____

星期三

_____

_____

评分：_____

星期四

_____

_____

评分：_____

星期五

_____

_____

评分：_____

路标五 激 情

▶▶ 激情

成功故事

　　每个人都喜欢那种热情洋溢、情绪热烈的人，激情会使你的工作显得轻松惬意。

　　激情具有传染性。当某个人有激情的时候，他身边的每个人都会受到感染。如果一个推销员对自己所推销的东西没有激情的话，那他是不可能成功地把东西卖出去的。

　　No. 1

　　在美国亚利桑那州立监狱里有一个年轻人被判终身监禁，他在进监狱之前，脾气暴躁，而且对自己的工作始终都提不起劲，所以一直麻烦缠身，一事无成。当他被判入狱的时候，他很快意识到对一个没有激情的人来说，监狱里的生活将会非常孤独，所以他开始假装对监狱的劳作很有热情。他每天干活都面带微笑，而且十分努力，就好像有人付钱要他这样做一样。他很快便喜欢上了自己正在玩的这个"激情"游戏。他的热情吸引了监狱管理者的注意，他们给予了他更多自由。

在空余时间里，他把自己的注意力转向了写作，他开始练习写销售信函。很快地，他超凡的能力使得一些买过他信函的商业人士开始注意到他。

他的信函引人入胜的原因是他在里面投入了激情，直到今天他仍然在靠出色的写作技巧为自己挣来大笔收入。这一点理应令我们这些拥有自由的人陷入深思。对自己的工作保持热情，你不仅可以充分享受工作的乐趣，而且可以获得金钱方面的收益。

No.2

若干年前，埃德温·巴恩斯乘坐一辆运货车来到了新泽西州的奥兰治。他请求托马斯·爱迪生给他一份工作。

虽然他得到了这份工作，但最初这份工作给予他的薪水却很低。事实上，做好这份工作并不容易，但巴恩斯先生下定决心要为爱迪生工作。

爱迪生先生是一个聪明人，他想考验一下巴恩斯，所以给了他一份既难做、薪水又低的工作，他想看看这个年轻人能在这个岗位上坚持多久，看看他究竟有多想为自己工作。

巴恩斯先生以充足的热情投入到了这份工作中。他表现出来的工作态度就好像他拿着最高的薪水似的。他脸上始终挂着微笑，在爱迪生身边工作的每个人都渐渐地喜欢上了他。尽管他的工作难度很大、薪水不高，但他擅于团队合作，同时也证明了自己的不可或缺。

　　巴恩斯先生当时还很年轻，但他表现出来的非凡热情，使他获得了多次升迁。现在，他在纽约、圣路易斯以及芝加哥都有了自己的公司，这些公司出售爱迪芬牌口述打字机。他成了一个有钱人，而且，在佛罗里达州的布雷登拥有一所漂亮的房子。

　　对于那个坐着货车来到新泽西州奥兰治市的年轻小伙子来说，这真是一个巨大的飞跃，因为当时的他穷得连一张火车票都买不起。巴恩斯先生的成功很大程度上要归功于他在自己工作中所投入的那种激情。如果你不喜欢自己的工作，那么工作就会控制你。但是，如果你倾入热情，你就会左右它。可以试想一下，如果当初巴恩斯先生对爱迪生给他的那份低收入、高难度的工作消极对待的话，情况可能会完全不同。他认真尽责地完成了那份工作，然后很快地，高薪水的好工作也随之而来了。

　　"激情"的游戏规则：

　　1. 抛弃你的负面情绪，给自己积极的暗示。

　　2. 用微笑面对一切并不如意的事情。

　　3. 投入你全部的热情，决不放弃。

　　在接下来的一周中，充满热情地对待自己的工作吧，就好像你在玩一个有趣的游戏一样。无论你是否喜欢自己的工作，都请以"激情"对待它，就好像你十分喜欢这份工作一样。

　　记住，亚利桑那州的那个犯人成功地让自己对一份被迫去做而且没有报酬的事情充满热情。从这个游戏中你会收获很多乐趣。你会注意到人们开始对你有了兴趣，你的上司也开始注意你了。不过你必须继续向前，坚持不懈。你要时刻记住这个事实：你正走在成功之路上，而成功之路的路标告诉你要把激情这个"游戏"玩上一个月。

失败者的反思

你也许不知道为什么要玩激情这个"游戏"。但是，等到一个月"游戏"结束之后，你就会发现，按照这些说明来做确实大有收益。

在一个漆黑的雨夜里，两个无业游民在一辆篷车上相遇了。其中一个曾经是一个推销员，工作时间从早上十点到夜里四点，而另一个一文不名。

他们开始谈论自己。其中一个对另一个说："我曾经在一家公司工作，他们要求我按时上下班。他们经常就激情这个话题大谈特谈，但是我从没发现这一点对我有多大用处。我告诉他们要么按我的方式来，要么就拉倒。结果他们不喜欢我的工作方式，所以就让我卷铺盖走人了。"

另一个流浪汉曾经也是个响当当的人物，不过威士忌和赌博毁掉了他的人生。在听自己的同伴讲了几分钟后，他问了这样一个问题：

"那么，比尔，一个像你这样对如何成就自己老板事业如此熟稔的人，怎么会坐在一辆篷车上而不是一辆普尔曼轿车（贵族和行政首脑专用车，一般人无从买到）上呢？"

这个问题真是当头棒喝。在你认识的人中，你有没有注意到：那些失败者总是不断地批判那些成功者。

反思后的发现：

1. 那些成功人士太忙了，他们没空在批判自己的国家、政府、同事或者老板上面浪费时间。

2. 那些成功人士对自己的工作都保持着一种激情，而你永远都不可能听到他们抱怨如何失去了自己的工作。

3. 那些把激情融入工作中的人始终都从事着最好的工作，他们也拿着最高的薪水。

4. 那些对任何事都无精打采，总是对自己的工作抱怨不休，埋怨工作太难、薪水太低的人，在裁员的时候总是第一个被踢出局的。

所以，请将激情带入你的生活、你的工作、你的生命中！

阅读笔记

在您阅读完本章内容后，请写下对本章要点的理解，以加深对它的感悟。

本章要点	丢掉所有的负面情绪，你需要积极的暗示。
个人说明	
本章要点	微笑着面对一切不如意的事情，并尽力去解决。
个人说明	
本章要点	专注于你的工作，决不放弃。
个人说明	

本周实践记录

请在深入理解本章内容后，将其用于工作实践，并记录每天的实践内容。

星期一
_____

_____

星期二
_____

_____

星期三
_____

_____

星期四
_____

_____

星期五
_____

_____

> 没有激情，人只不过是一种潜在的力量。就像火石，在它能够发出火星之前只能等待着铁的撞击。
>
> ——阿米尔

本周自我评价

请为您本周每天的工作表现进行评价，并为其打分。

1> 差　　2> 较差　　3> 一般　　4> 好　　5> 非常好

星期一

_____

_____

评分：_____

星期二

_____

_____

评分：_____

星期三

_____

_____

评分：_____

星期四

_____

_____

评分：_____

星期五

_____

_____

评分：_____

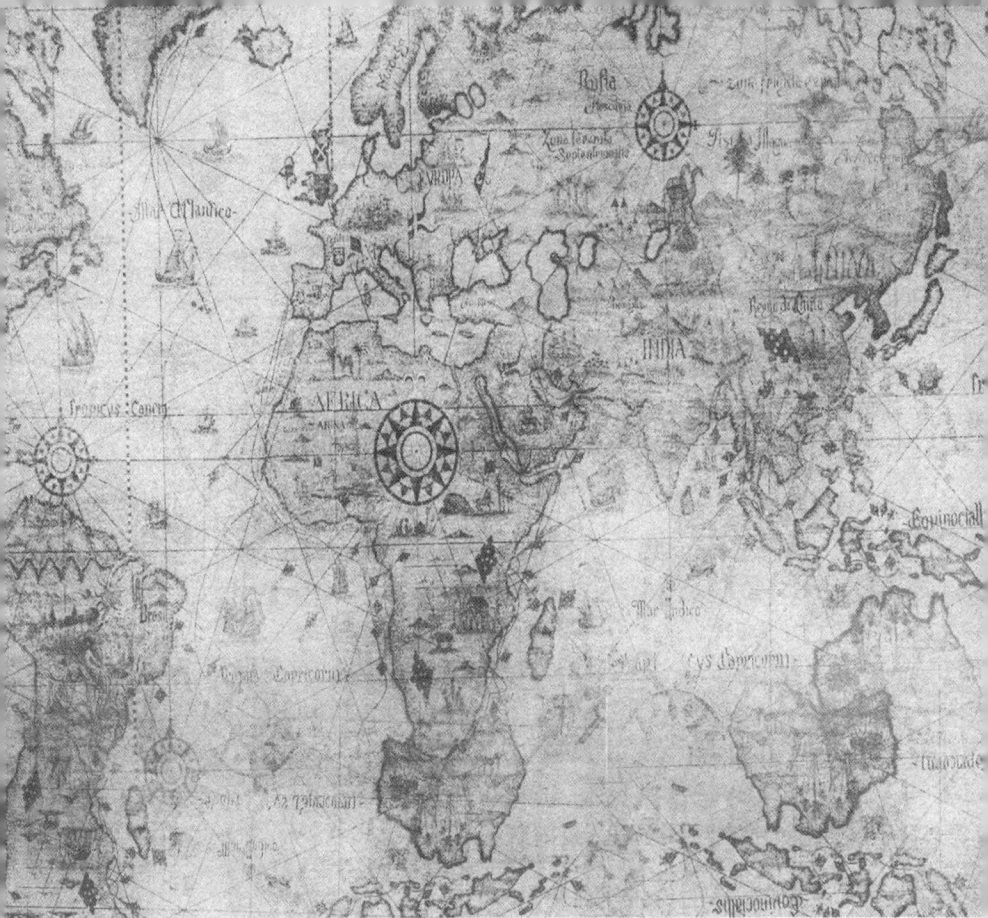

路标六　行动力

▶▶ 行动力

在您接受本章的指引之前，请先回答三个问题：

1. 在你的规划中（包括短期和长期规划），你真正采取行动并最终实现的占有____% 的比例？

2. 当你面对挫折甚至是失败时，你更倾向于坚持不懈还是另辟蹊径？

_____

3. 当你完成一项工作时，你更享受的是它所带来的利益，还是其整体的价值及其中的满足感？

_____

当你回答了这三个问题后，请带着你的答案，开始我们下面的旅途。

蜜蜂的智慧

论体积，小蜜蜂跟人没法比，但是论智慧，蜜蜂却比人要聪明不止一百万倍。

人类骄傲地盯着自己的杰作，比如那高耸入云的摩天大楼，然后对自己说："看吧，人类是一个多么优秀的物种啊；看吧，看我造出了多么宏伟的建筑啊；看吧，人类已经完成了多少进化啊；看吧，看我创造出了多少财富啊。"

聪明的蜜蜂站在蜂巢的入口处，听见人类在那里鼓吹自己，于是回应道："没错，你的确在地球表面做出了不可思议的改变——你把泥土变成了摩天大楼，你创造了动力强大的机车，你控制了天空，你测量了天上星星与地球的距离，但是尽管你有那么多成就，有一件事你还没有做到，那就是发掘一下自己头脑里究竟有多大的潜力。此外，还有一件事你没有发现，那就是团队精神！你还没有发现，在这个世界上，除了你个人的福祉之外，还有更重要的事物值得你为之奋斗。

"你为了个人私利而努力，这可能导致你把自己同伴所祈求的东西掠夺走。你还没有发现我们蜜蜂所遵循的'蜂巢精神'，我们把蜂蜜存起来是为了蜂群的利益，而你存贮金钱却是为了用它来压制自己的同伴，并为了个人利益去控制他们。"

多么奇妙的小昆虫啊！

只要我们观察它们，分析它们的习惯，然后反思一下，我们就能学到多么精辟的一课呀！

在每一个蜂巢里面都有三种蜜蜂。一种是蜂王，它也被称为雌蜂或者母蜂。它负责产卵，负责种族繁衍，这是它唯一的职责。然后是雄蜂，它唯一的职责是为母蜂所繁育出来的卵受精。还有一种是工蜂，这些小小的、聪明的家伙负责从花朵上采集花蜜，然后把它们存起来供整个蜂群食用。它们既不是雄性也不是雌性。

一个蜂巢里只有一只母蜂，也叫蜂王。如果某天哪个调皮的孩子把一块石头扔进蜂巢杀死了蜂王，或者蜂王因为自身各种原因而离世的话，那么其他的蜜蜂会通过只有它们自己才知道的某种途径，立刻给其中一个卵受精，使之在很短的时间内孵化成为一个新的蜂王。

在自然界里没有任何纯粹的偶然。大自然向蜜蜂提供了孕育雄蜂、雌蜂和工蜂的方式，让它们自行决定这三种蜜蜂之间的比例。

所以，人类从蜜蜂身上所学到的最伟大的一课是：无私。

蜜蜂身上有一种团体协作精神。它们承认某种东西高于自身个体，它们愿意为了自己的同类而工作。它们把蜂蜜存在公共蜂房里，这样整个蜂群都可以食用。

想象一下吧，自私、吝啬而又自大的人类可能会做这样的事吗？想象一下人类会与同类分享自己的劳动果实吗？除非他得到的比给予的多，否则这是不可能的！

在某些方面，人类比蜜蜂要完善得多，但难道正是因为这一点使人类抛弃秩序，游离于自然计划之外吗？我们抛弃了团队精神，开始想方设法欺骗并击败自己的同类，以便把他们所积累的财富攫取过来。

我不敢宣称自己知道自然的计划究竟是什么，但是我很怀疑，如果人类不能克服自身的贪婪习性，不能克服只知索取不懂给予的惯性，不能回归到蜂群为了"蜂巢"而通力协作这种精神的话，那我们是无法得到大自然的护佑和祝福的。

就我个人而言，我十分清楚目前我拥有的幸福正来自于团队协作和为他人服务，但对于其他许多人是否明白这一点，我深表怀疑。

在你四处探寻自己不快乐的根源而未果的时候，请把注意力转向自己的内心，审视一下自己内心那些一直存在的想法，你可能就会找到答案。

《圣经》中的为人准则（即"你希望别人怎样待你，你也要怎样对待别人。"）为我们提供了一个启示，它想要告诉我们的是，只有通过给予，你才能得到你想要的一切。

我们不知道人类是不是可以从繁忙的蜜蜂那里顿悟到为人准则中所传输的思想，但是我们知道的是，正如地球引力学说的那样，蕴涵在为人准则中的哲学法则正控制着宇宙中的一切事物。

在所有劳资争斗中，在所有纷纷扰扰的利益冲突中，我们看到了"蜂群精神"的完美对立面。

不得不承认，从小小的、卑微的蜜蜂身上，我们可以学到很多有益的东西！

在这里重申一下，我们相信，真正的成功只能来自有用的服务——那种能帮助他人取得金钱收益或者幸福的服务。任何东西，如果缺少了这种服务的话，其结局只能是失败，绝不可能成功！

我们相信，人类必须培养出一种"蜂群精神"，这样才能实现继续进化。而在我们的成功之路上，"蜂群精神"也必须一路随行！

思考感悟

在乔治·哈里森·菲尔普斯最近所写的一本名为《去》的小册子中有这么一个故事，这个故事主要讲述的是宾虚和他的战车比赛：

那一天的比赛已经接近尾声，赛手们正渐渐逼近宫廷看台前面的最后一个拐角处。每个观众都伸长了脖子，偌大的罗马大剧场里，除了群马飞奔声、战车的隆隆响声以及赛手们的声声叫喊之外，再无半点杂音。

速度快得令人心惊。宾虚现在处在第二的位置，他们已经接近了最后一个拐角。这时，领先的那组车队突然扑倒在地，赛手、战车以及马匹在宾虚面前滚成一团。

刹那间，宾虚双手紧握缰绳，猛地把马往上一提，连人带马风驰电掣般地从俯卧在路中央的车队上飞了过去。

在他奔驰着进入最后一圈赛道之后，阿提米多从贵族包厢里冲他尖叫："胳膊——你怎么会有那么强壮的胳膊？"宾虚吼叫着回应："从帆船的桨那里！"

在三桅战船上划桨的时候，宾虚练就了那一双强健的臂膀，正是那双臂膀帮助他走向了最终的胜利。他曾经与其他成百上千的奴隶一起，被绑在一艘战船上划桨——赤身露体，汗流浃背——而且背部鞭痕累累。

"做这件事吧，然后你会获得力量。"爱默生如是说。对宾虚来说，在做了多年的苦力之后，把马从破碎的战车上提起来然后驾驶着它们继续向前已经易如反掌。

所有伟大的事情在完成的那一刻都十分容易——真正艰难的是那经年累月时时刻刻的准备。托马斯·爱迪生不是在二十分钟内向世人证明白炽灯的价值的——他花了一生的时间去寻找最好的灯丝。亚伯拉罕·林肯发表了英语世界中最出色的一篇演讲——葛底斯堡演讲——这个演讲稿写在一个信封上，是在演讲开始前一小时完成的——但是，那在字里行间闪耀的，是林肯深厚的理解力，是那种坚强不屈的精神，是那种宽广的悲悯情怀，是他的整个生命。

努力吧——每天，持续不断地、耐心地努力——向着最高、最好的目标前进。你会创造出伟大而神圣的业绩，正如那些伟人所创造的硕果。成功之路其实就是奋斗之路。你要力求让自己所做的每一件小事都臻于完美，然后伟大向你走来的时候你才能万事俱备。你的力量来自于你身上的汗水，来自于你思想中的冲突和碰撞，来自于你灵魂深处的热望。

"要想赢得比赛，你必须先在三桡战船上做一名划桨的奴隶！"

与此同时，在你站在比赛的跑道上之前——无论等在你前方的是成功还是失败——你还有一门重要的功课要向蜜蜂学习，那就是坚持不懈！

　　无论蜂巢被人类劫掠多少次，蜜蜂总会从头开始，使自己的蜂巢里再次充满蜂蜜。就我所知，没有哪个蜜蜂曾为某人偷了自己的劳动果实而哀叹或者抱怨过。在这一点上蜜蜂与人类真是迥然不同。而且更没有哪一只蜜蜂曾停止尝试，除非它已经丧失了采蜜的能力。

请重新扬帆

在人生道路上，我们难免会遇到很多挫折。失败会一次次地与我们正面相对，但是，你只需记住一点——在你遇到的每一个困难里，在你所克服的每一个失败里，都有某些东西值得学习。把障碍放置在你前行的道路上，这是大自然的规划。每克服一个障碍，你都会变得更加强大，也会为下一个障碍做好更充分的准备。障碍不过是一些必要的跳栏，它们的出现不过是为了增加你的训练，使你更适合人生之路上的这场比赛。

在你立下新年誓言的时候，如果你能下定决心在这一年里多做工作，把任务完成得更好 ——你所完成的数量比上司要求的还多，质量比要求的更好，那么这一年你必定会大有收获，事业必定蒸蒸日上。

不要浪费时间为那些遇到了很多困难、克服了无数障碍的人哀叹，他们会照顾好自己的。如果你的同情心泛滥到了一定要倾倒的地步，那就把它们送给那些含着金钥匙出生的人吧，送给那些从来都不知饥饿为何物、那些在人生中从来都有求必应的人吧。他们才是真正需要你同情的人，其他人知道该怎么照顾自己，因为：

他们已经在人生的三桅战船上练就了一双坚强的臂膀！

任何一个人都知道在遇到困难的时候可以停止前进，但只有那些拥有非凡智慧的人才会设法克服那些想要使他止步的困难。当克服了这些困难之后，他们便能勇往直前。

阅读笔记

在您阅读完本章内容后，请写下对本章要点的理解，以加深对它的感悟。

本章要点	培养"蜂群精神"。
个人说明	
本章要点	不要让挫折阻挡你前进的脚步。
个人说明	
本章要点	坚持不懈，力求完美。
个人说明	

本周实践记录

请在深入理解本章内容后，将其用于工作实践，并记录每天的实践内容。

星期一
_____
_____

星期二
_____
_____

星期三
_____
_____

星期四
_____
_____

星期五
_____
_____

> 我们生活在行动中，而不是生活在岁月里；我们生活在思想中，而不是生活在呼吸里。
>
> ——菲·贝利

本周自我评价

请为您本周每天的工作表现进行评价，并为其打分。

1> 差　　2> 较差　　3> 一般　　4> 好　　5> 非常好

星期一

_____

_____

评分：_____

星期二

_____

_____

评分：_____

星期三

_____

_____

评分：_____

星期四

_____

_____

评分：_____

星期五

_____

_____

评分：_____

路标七　自制力

▶▶ 自制力

我们经常听到有人这样说："如果人生能重来一遍，我一定要以另一种不同的方式来度过。"

就我个人而言，如果我也说人生重来一遍的话，我会在很多事情上有所改变——这肯定不是真的。这倒不是因为我不曾犯错——事实上，在我自己看来，我所犯过的错误比其他任何人所犯的都多——而是因为从这些错误之中，我有所觉醒，这种觉醒给我带来了真正的幸福，而且给了我很多机会帮助他人寻找其梦中的幸福。

时光流逝，我愈来愈相信，虚度的人生存在于我们没有送出的爱中，存在于我们从未使用过的某种力量中，存在于一种自私且不敢冒险的谨慎中，更在于我们对于人生风险的规避中。规避风险的同时，我们也错过了人生中的幸福。

你必须知道的事

◆ 在每一次失败中都蕴涵着一个教训，因此，在获得那些值得我们追求的成功之前，那种所谓的失败绝对必不可少。

◆ 大自然故意在我们路上设置障碍，就如同在训练马匹时，驯马者会在赛道上设置栅栏和障碍专门让马去跳那样。

◆ 大多数人所体验到的幸福都源于帮助他人找到幸福。

希尔的幸福课

我的经历告诉我，如果一个人播下痛苦的种子却想收获幸福，那无异于播下荆棘却期待收获小麦。经过多年研究和分析，我得出的结论是，一个人所付出的东西——无论是内心的想法还是公开的行动——最终会以放大很多倍的方式回到他身边。

站在经济利益这个角度上，我所了解到的一个最大事实是,付出比别人要求的更多更好的服务会给你带来可观的收益。只要你确实这样做了，你获得的收益必然比实际付出的要多，这一天的到来只是个时间问题。

这种全身心地投入、不计成本不计回报的做法将最终给你带来物质上的、金钱方面的收益，这种收益会比其他方式所带给你的收益都多。

但是，对他人宽容和上述所说的那一点同样重要。对那些触犯了我们的人进行"回击"是一种软弱的表现，谁这样做，谁就是在贬低自我，而且这种做法最终会给自己带来伤害。

我深深相信，一个人能学到的最重要的课程之一就是自制。在一个人学会控制自己之前，他不可能对别人产生很大的影响。当我回归历史，认识到世界上最伟大的领袖往往懂得隐忍、不易动怒时，我的人生似乎有了很大不同。从古至今，那些伟大的领袖总在潜移默化地向我们灌输着世界上最伟大的哲学，那就是《圣经》中所传达的为人准则——做一个宽容而且自制的人。

解读箴言

在我赢得的所有东西中，每一个都是在经历辛苦劳动、充分发挥自己的判断力、精心计划并且预先准备之后才最终得到的。我必须严格地训练自己，不仅仅是锻炼自己的身体，还有灵魂和精神。

——西奥多·罗斯福

我了解到，无论为了何种事业，那些在同类中制造不快的人对于实现人生中真正富有建设性的目标是没有什么用处的。真正能得到回报的是那些有推动和建设性作用的人，而不是那种导致分裂的人。

总结多年的经验，我发现，如果一个人可以十分轻易地被他人影响，仅仅因为某个敌人或者带有偏见的人的一些言辞就质疑自己的同伴，那只能说明他的意志是脆弱的。

在学会根据自己所知所学自主地形成对别人的看法之前，一个人是不可能真正拥有自制力的，也不可能依靠自己的判断力清楚地进行思考。

一直以来，我不得不克服的最有害、最具破坏性的习惯之一就是在他人的影响下产生对某个人的偏见。而在这个过程中，我学到的最重要的一点就是，无论有没有缘由，诋毁自己的同伴都是一个令人痛苦的错误。从某种程度上来说，我已经开始学会管住自己的嘴巴，确保自己说出来的都是关于同伴善意的话。这种成长给我带来了极大的满足，我不知道还有什么比从错误中获得个人发展更能令人满足。

在我理解了"种瓜得瓜，种豆得豆"的原则之后，我学会了克制"把敌人撕成碎片"这种人类的自然天性。这条原则给我们的启示是，一个人播下什么——无论是通过言语，还是通过行动——他就收获什么。到现在为止，我还没有完全控制这种天性，但是就征服它这点而言，我至少已经有了一个不错的开端。

事实上，大多数人都天性诚实，而那些被我们称做"不诚实"的人实际上只是某些他们无法完全控制的情绪的牺牲品。我还发现，人们都倾向于按照别人对自己的评价行事，这一点对我来说实在是大有裨益。

我认为，每个人都应该经历一次那种被报纸攻击并且失去财富的倒霉事，它虽然痛苦，但却极具价值。因为只有在灾难降临的时候，我们才能认清谁才是自己真正的朋友。真正的朋友会与我们同舟共济，而虚假的朋友则选择明哲保身。

我还了解了关于人类本性的另一些有趣的知识，那就是通过一个人身边的朋友，我们就可以准确地判断这个人的本性。那句古老的谚语"物以类聚，人以群分"确实有其道理。

在现实生活中，这种同类之间的互相吸引已逐渐形成一种"吸引力法则"，而它更不断地印证着"物以类聚，人以群分"这个古老的定律。一位了不起的侦探曾告诉我说这条法则是他追踪罪犯、抓捕疑犯的主要依据。

在我看来，一个有志于为公众服务的人必须做好牺牲自己利益的准备，做好接受侮辱和非议的准备，并且不能对自己的同胞丧失信心。事实上，很少有人致力于为公众服务却没被公众质疑过服务动机——虽然从他的努力中获益最多的正是这些公众自身。

当我因为被同胞质疑而感觉到血气上涌、情绪激愤的时候，我会想到那位伟大的哲学家——耶稣，他眼睁睁地看着那些他所为之服务的人们将自己处死——不是因为他得罪了他们，而是因为他试图帮助他们找到幸福。我会在他所展现的毅力和隐忍中找到慰藉。

过去的经验告诉我，那些指责世界——而不是责备自己——没有给他一个机会在人生舞台中大展拳脚的人绝不可能在以后的工作中有所作为。

每个人都必须依靠自己创造"成功的机会"。如果没有一点奋斗的意识，我们是不可能取得多大成就的，也不可能赢得别人所觊觎的东西。如果没有竞争意识，我们会很容易深陷贫穷、悲惨和失败之中。所以，如果我们想远离贫穷、悲惨和失败，得到我们内心所希冀的东西，那就必须准备好为自己的权利而奋斗！

但是，请注意，我们这里所说的是"权利"！

我们拥有的每一项"权利"都是自己为自己创造的，是通过我们的付出而收获的回报，而且我们要提醒自己，这种"权利"的性质与我们付出服务的性质一样的。经常这样提醒并不是什么坏事。

我的经验告诉我，一个出身贫穷的孩子所负担的艰难并不比一个有着无尽财富的人多，他所面对的"噩运"也并不比那些锦衣玉食的人更轻。仔细分析历史，你就会发现大多数伟大的人类公仆都出身贫穷。

在我看来，对一个人真正的考验就是给他一笔无尽的财富然后看他会如何利用。很多时候，财富会使人丧失从事建设性工作的动力，因此对那些拥有财富的人来说，这才是真正的诅咒。我们要警惕的不是贫穷，而是财富以及伴随着财富而来的那种权力——无论这种权力是好是坏。

我觉得自己非常幸运，因为我出身贫穷，可成年后的我也近距离地接触了一些富有的人，因此我得以公平地看待这两种截然不同的处境给人带来的影响。我知道，只要我仍然需要面对生活中一些平常而必需的东西，我就不必过于担心自己会堕落；但是如果我得到了大笔财富，那我就有必要看看这些财富是不是带走了我为同胞服务的愿望。

历史的经验告诉我们，在人类不断挖掘自身潜力的过程中，我们能取得内心所希冀的一切成就，而在这个过程中，人类心灵需要承担的最伟大的事情就是想象！所谓天才不过是那些运用想象力在心灵中创造出了现实的模型，然后又通过实际行动将其真正实现的人。

当一个人全身心地投入到一件工作中并尽力去做的时候，他是放松而愉悦的；但在其他方面，他所说的话所做的事不会给他带来任何平静。

——爱默生

在过去的三十六年中，我了解到的最伟大的事情就是那些先辈的哲学家们告诉我们的一些古老事实：幸福在于寻找，而不在于拥有；幸福存在于我们为他人付出的有价值的服务中。

当然，一个人只有亲自去实践之后才会明白这个真理！

我最近的一次幸福体验来自于几周前的一次偶然经历。当时我正在得克萨斯州达拉斯市的一家商店里购物，站在一旁的售货员十分年轻也非常爱好社交，他很健谈而且善于思考。他和我说了一些店里发生的事情——那算是一些"幕后故事"——他兴奋地告诉我，商店经理向他们保证要出资让他们都加入黄金定律心理协会，而且为每个人订阅一份《希尔黄金定律杂志》，这使店里的每个人都十分高兴，大家对店长的这种计划赞不绝口。

他的话引起了我的兴趣，因此我问他那个拿破仑·希尔是谁。他看着我，脸上表情古怪："你从来没听说过拿破仑·希尔吗？"我告诉他这个名字听起来非常熟悉。接着，我状似好奇地问他为什么经理要为所有员工订阅一年的《希尔黄金定律》，他回答说："因为这份杂志把我们这里最懒散的人变成了店里最好的员工，所以老板认为这份杂志拥有非同一般的力量，他希望我们都能读一读。"

这番话使我万分高兴，我激动地和这位年轻人握手，说我就是拿破仑·希尔。我这样做并不是出于那种沾沾自喜的利己心态，而是因为它激起了我内心深处的一些感触，那是在发现自己的工作给别人带来了幸福之后发自内心的一种感动。

这种感动能纠正人们身上那种自私的倾向，而且有助于推动人类进化，把动物本能从人类身上分离出去。

自制力的秘诀

◆ 如果你允许自己被他人激怒，那就等于你允许那个人控制你，把你拉到他所处的那个档次上。

◆ 排除异己和自私自利中容不下自制力。这几种品质是互相排斥的，你无法把它们放在一起，所以其中一种必须出局。

◆ 要想培养自制力，你必须以一种开阔的胸襟系统地运用黄金定律；你必须学会原谅，原谅那些惹怒自己的人。

◆ 一个精明的律师在开始审问犯人之前总是先把他激怒，使其失去自制。

◆ 一个心智平衡的人不易发怒，他总能在任何情况下都能保持冷静和理智。

你是一个拥有自制力的人吗？如果不是，为什么不开始培养这种伟大的美德呢？

阅读笔记

在您阅读完本章内容后，请写下对本章要点的理解，以加深对它的感悟。

本章要点	无论有没有缘由，诋毁自己的同伴就是一个令人痛苦的错误。
个人说明	
本章要点	养成原谅的习惯，原谅那些惹怒自己的人。
个人说明	
本章要点	无论遇到何种情况，请保持冷静和理智。
个人说明	

本周实践记录

请在深入理解本章内容后，将其用于工作实践，并记录每天的实践内容。

星期一
_____
_____

星期二
_____
_____

星期三
_____
_____

星期四
_____
_____

星期五
_____
_____

> 人之所以成为强者，不是因为战胜对手，而是因为战胜了自己。
>
> ——尼克松

本周自我评价

请为您本周每天的工作表现进行评价，并为其打分。

1> 差　　2> 较差　　3> 一般　　4> 好　　5> 非常好

星期一

_____

_____

评分：_____

星期二

_____

_____

评分：_____

星期三

_____

_____

评分：_____

星期四

_____

_____

评分：_____

星期五

_____

_____

评分：_____

路标八　承担额外工作的习惯

▶▶ 承担额外工作的习惯

成功故事

　　埃德温·巴恩斯的故事：二十五岁时，巴恩斯坐着货车来到了新泽西州奥兰治市，在托马斯·爱迪生那里找到了一份工作。现在，在他四十岁的时候，他已经成功地获得了足够的财富，并提前退休。

　　十年前，我走进巴恩斯先生位于芝加哥的办公室，就一个他无论如何都不可能感兴趣的话题向他请教了一个简单的问题。

　　当时巴恩斯先生正穿过接待室走向自己的办公室，我就在那里遇到了他。

　　我想就算再过一百五十年，我也不会忘记当时巴恩斯先生停下来详细回答我问题的那一幕情景。

　　当时我想知道巴恩斯先生的工厂能否为我生产一种唱片，我希望在公共演讲中用这种唱片进行教学。

　　"不能。"巴恩斯先生表示，爱迪生的工厂并不生产特制唱片，但也许他可以把其他能满足我需要的人引荐给我。于是，他戴上帽子，让我坐进他的车里，载着我到很远的另一个区去见他的竞争对手。

对于巴恩斯先生来说，整件事于他没有任何好处，他对此也十分清楚。所以，对他的这种行为，我们只能有一种合理的解释，那就是他天性如此——无论身处何地，只要有可能，他会为任何人提供服务，而且无论自己能否获得直接或间接的利益。

我感觉到他的办公室里弥漫着一种真诚热情的氛围。我发现他手下的每一个推销员、每一个速记员，甚至是每一个服务人员看起来都非常愿意在这个地方工作。这是一间充满殷切和善意的办公室，这里的人们之所以能够传播这种真诚和殷勤是因为他们对此深信不疑。

当年，巴恩斯先生赢得了托马斯·爱迪生先生的信任，从而得到了一份工作，他当时的薪水是每周 25 美元。不久之后，他的努力得到了爱迪生先生的认可，于是他开始掌管公司在芝加哥市的办事处。我不知道他究竟是如何做到这一切的，但可以肯定的是，他卓有成效的工作成果以及不计得失地为他人服务的态度为此添加了很多筹码。我相信当时的他从未对工作时间长或薪水低这些问题发过任何牢骚。

从一开始，巴恩斯先生采取的策略就是进行有针对性的销售，不向没有需求的地区盲目推销。有时候，他手下的一些推销员会因为急于增加自己的销量而说服某些没有购买需求的顾客购买这种机器，但巴恩斯先生会对这些交易仔细过目，指出其中的错误，并给这些推销员机会去解除此类交易，以免给推销员个人以及公司带来名誉上的损害。

作为一个有着出众人格魅力、友善、亲切，并且热情四溢的人，巴恩斯先生天生适合做销售，但是如果没有长期的身体力行，给他人提供更多更好额外服务，他也不可能取得今天的成功。在他看来，这些行为是自然而然的，是他个性中的一部分。

巴恩斯先生的工作并不轻松。在十几年前，听写式打字机还是个新奇事物，因此要推销这种机器就需要特别高超的销售技巧。这些机器的确能使速记员们节省一半的时间，但是正如地球上其他伟大的发明一样——从蒸汽船到飞机——你必须先把它展示给人们看，得到人们的认可。

在新泽西州的东奥兰治市，巴恩斯先生几乎售出了爱迪生大工厂里生产出来的所有爱迪生牌打字机。

内涵解读

每当我想到巴恩斯先生的时候，我就会不由自主地想起几年前在芝加哥采访时所遇到的七位失败者，其中一位还是耶鲁大学的毕业生。这七个小伙子无一例外地抱怨说："这个世界连个机会都不肯给我。"我不禁在想，与这七个失败者相比，这个世界是否给予了巴恩斯更好的机会呢？

当初巴恩斯走进东奥兰治的时候并非踌躇满志。他坐着"闷罐子"车到了那里，找到了爱迪生先生，说服他给自己一份工作，然后用实际行动向爱迪生先生证明了自己的实力。他当初似乎并没有抱怨这个世界欠他一条活路。

巴恩斯先生的故事与其他成功人士的故事并无二致。他们都是先走出去向这个世界提供服务、证明自己，而不是痴痴地等着世界赐予他们一份谋生的差事。当然，这种服务后来为巴恩斯带来了巨大财富，也向世人证明了人生真正的价值。

我不知道巴恩斯先生的身价究竟有多少，但这个数目一定十分可观。他住在佛罗里达州，一年中的大部分时间都很悠闲，而其余的时间，他会用来拜访自己的商业伙伴——这些人仍然在芝加哥、圣路易斯以及纽约市经营爱迪生牌打字机业务。

再和大家分享一件他的趣事，这件事能使我们间接了解到巴恩斯先生的做事方式。我从芝加哥出发到纽约去，途中顺道去拜访了巴恩斯先生。当时我还拿着手提包，在探望过巴恩斯先生后，我打算出去找一处长久的住所——因为我需要在纽约常住，于是我把手提包放在了他的办公室里。我正要离开的时候，他叫住了我，说道："我们六点下班，假如你在此之前没有回来，我会把包送到你的旅馆里——如果你能告诉我旅馆的名字。"他说这话的时候十分认真。想想吧，一个像他这样富有、身居高位的成功人士，竟然主动提出帮我送手提包！

他的行为验证了这个理论：要想超越平凡成就伟大，你必须先充当最好的仆人。两千年前，圣贤们是这么说的，而每一个成功的人都会赞同这一点。巴恩斯成功了，那是因为他为别人提供了优质的服务。为了有机会实现自己的价值，他并不惧怕之前必须经历的一切艰苦的磨炼。

思考感悟

出售个人服务的基础只有一个，那就是获得的报酬要与提供的服务在质和量上成正比。

一个人在车床上工作，假定他的报酬是每天五美元，他做这份工作已经好几年了。另一个人新人，他在前者旁边的车床上工作，他们的工作内容相同，而他只有几天的工作经验，所以付出的要比那个工作几年的老工人多出四分之一。

谁会拿到更高的薪水呢？

答案显而易见！一名雇工从事一项工作的时间长短与他应得的工资没有任何关系，否则我们那座大楼的看门人所得到的薪水就应该比我们主管的薪水更高，因为他已经在这里工作十年了，而这位主管却刚来不到六个月。

在向这个世界推销你的服务时，你需要记住一点，那就是：你的工作效率以及你自身的价值是由雇主布置给你的工作量来决定的。如果你不想雇主对你进行太多管理，那么你的效率就必须相当高。而如果你根本不需要雇主对你进行任何管理，那么你可能已经达到了这份工作中的最高效率。接下来，雇主可能会给你更多的任务，更多的工作内容。

在你准备好承担更多的任务之前，你或许已经明白你不会因此获得很高的报酬。高薪是为那些能有效并且令人满意地承担责任、能肩负起领导职能的人而提供的。

单凭一双手，没有人能够拿到两万五千美元的年薪，但是如果他能担负起领导成百上千人的职责，能帮助他们提高工作效率，提升他们的工作水平，他的价值很可能就是这个数字的四倍。

有两种品质能使人从成千上万普普通通的劳动者中脱颖而出，从而坐到需要肩负更多责任的主管位置上。这两种品质是：

第一，担负较重责任的能力和意愿。

第二，通过对他人进行巧妙地引导，使他们更加努力而有效地进行工作。

有给予才能有收获——这并不仅仅是个理想化的格言，事实上，这是个亘古不变的真理。所有成功人士都是以此为基点走向成功的。那个从出售自己服务中获益最多的人往往也是为自己的服务对象付出最多的人。

那些只会用双手处理简单而繁重工作的人是不会被升职去做更高级的工作的；那些有能力，有良好判断力，能处理复杂而关键的任务的人才会被提升做更高一级的工作。如果你的目标是这些"高级"工作之一，那么现在就开始着手理清自己的任务并指导他人工作的步骤，这对你来说不是大有裨益吗？

思考感悟

当您读过本章节以上内容之后，请您认真地反思一下：

1. 长久以来，你在同一职位上待了很久，你的薪水也始终没有起色，是不是因为你没有寻求机会去担负更多责任，或是你仍像过去一样，需要别人花费相当多的精力对你进行管理和监督？

2. 你是否已经把自己的工作效率提升到最高值上？你是否已经为承担更多责任或领导和指挥他人工作做好准备了？

要知道：

领导力来自你为他人树立榜样！当你开始领导下属，力求让他们做到在质和量上都令人满意的时候，你自己应该向着更艰巨的工作、更诱人的薪酬、需要肩负更多责任的工作前进。

我们不曾听说有谁是一下子跳到主管位置上的，但是我们能列举出很多人，他们从底层一步一步通过不断提升工作效率，不断提高工作完成质量而最终升到了目前的职位。

当我敦促你要多做工作、承担额外任务的时候，我并不是出于某些理想化的原因，而是因为我知道这样做对你的未来是十分有益的。这是一门可靠的经济学问。之所以说它可靠是因为它会自然而然地给你带来好的评价，使别人乐于与你合作，当然这其中也包括你的老板。就算它没有帮你引起现任老板的注意，它也必然会为你引来其他雇主的关注，他们会主动找上门，向你提供职位更高、薪水更多的工作。

如果我没说错的话，在这个世界上，推销自己的最佳途径就是凭借出色的、远胜他人的工作能力来吸引雇主的注意。等到当雇主主动联系你时，你大可坦然地要求更高的薪水，而这个数字会比你主动去找雇主要求要高得多。不过你必须了解，驱使雇主找你的唯一方法就是提供比别人优胜一筹的服务——无论是在质上还是在量上。

这种方法适用于那些目前工作低微而且又想从老板那里争取到更好工作的人，当然也适用于那些想要更换雇主的人。

我羡慕那些有着极佳判断能力的人。这种判断力能够使他们明白，在没有人付钱、没有人提出要求的情况下，多做工作并且把工作做得更好，最终肯定会有所回报；这种判断力也能使他们尽自己最大的努力去承担责任，而不是把责任推给别人。我羡慕这种人，因为他们是万里挑一的。这就是为什么他们能够在自己的职业生涯中始终站在牛头而不是牛尾的位置上的原因。当然，这也是为什么他们领取的是一种薪水而不是"报酬"的原因。

如何得到更多的薪水呢

真实案例

我办杂志的时候曾经遇到一个年轻人来申请工作，他没有问诸如"这份工作工资多少"、"工作时间是多长"、"发展空间大不大"、"我什么时候能获得升职"、"这份工作需不需要上夜班"等愚蠢的问题。

没有，他从来没问这样的问题！也许正因为这样，他深深地触动了我。

他告诉我他对这本杂志都了解多少，尽管他只是某天在地摊上买了一期。他说他来到这里是希望得到一个证明自己的机会，他坚信自己可以实现最终的目标，除非我把他从办公室赶出去。他使我相信他真的想要这份工作，因为他对这份工作背后蕴涵的东西深信不疑。

他并没有问我何时会给他分配一个助手，而是这样问道："我首先应该做什么？"

这个年轻人名叫 W. H. 黑根！

我想要说的是，他今年的薪水将远远超过一万美元。当然，他的确应该得到这个数字，而我也十分乐意付给他这个数目的薪水。和其他老板一样，我需要雇员们提供最好的服务，我也愿意为他们付出的一切劳动支付薪水。

如果你觉得你的老板应该支付给你比现在更多的薪水，那么这部分额外的钱只能建立在一个公平的基础上，那就是改变你的工作性质，使你能为你的老板创造更多的利润。

案例总结

1. 你可以通过主动承担更多工作来扩大自己的责任范围，而不是只做一些分内的工作。你可以在不降低工作效率的基础上去尝试承担更多的责任。

2. 那些付给你工资的老板想要的是一个能发现工作并在没有人告知的情况下主动去做的人。

3. 想要得到更高的薪水，你必须从"普通"中脱颖而出，否则的话你就只能满足于"普通"的工资。

4. 把工作做到比别人要求得更多更好，这种行为并不是一时感情用事，而是一种商务法则。当然了，如果你能以一种欢快而富有激情的精神面貌去工作的话，你将更有可能吸引到他人。

5. 如果你能培养出一种富有魅力、令人舒适的人格，再加之能够把工作做到比别人要求得更多更好，你就极有可能取得巨大成功。事实上，在任何企业中，只要你在为他人工作，那么令人愉快的人格都会是你成功的一个必备条件。

阅读笔记

在您阅读完本章内容后，请写下对本章要点的理解，以加深对它的感悟。

本章要点	要想超越平凡成就伟大，你必须先充当最好的仆人。
个人说明	
本章要点	出售个人服务的基础只有一个，就是获得的报酬要与提供的服务在质和量上成正比。
个人说明	
本章要点	有给予才能有收获。
个人说明	

本周实践记录

请在深入理解本章内容后，将其用于工作实践，并记录每天的实践内容。

星期一
_____
_____

星期二
_____
_____

星期三
_____
_____

星期四
_____
_____

星期五
_____
_____

> 伟大的人就要做伟大的事，因而也要承担更多的责任。
>
> ——丘吉尔

本周自我评价

请为您本周每天的工作表现进行评价，并为其打分。

1> 差　2> 较差　3> 一般　4> 好　5> 非常好

星期一

_____

_____

评分：_____

星期二

_____

_____

评分：_____

星期三

_____

_____

评分：

星期四

_____

_____

评分：_____

星期五

_____

_____

评分：_____

路标九　吸引力

▶▶ 吸引力

成功故事

　　曾经有一个年轻人来到我的公司应聘，而在这之前他已经拜访了十几家公司，但是都遭到了拒绝。

　　我问他在申请工作的时候具体都说了些什么，他对此作了详细介绍。他说他只是走进去，问这里有没有空缺的职位。在我还未作出任何反应之前，他又说因为自己正处于失业状态，所以愿意接受任何对于新手来说合理的薪水。

　　我想在他说完这几句话之后，任何公司都会拒绝他的。原因显而易见，单单只看他的穿着，他脚上的鞋耷拉到了脚后跟，头上戴着一项便帽，唯有衣服还算像样。

　　据此我向他提出了如下建议：

　　1. 出去找一个鞋匠把鞋跟修一修，这绝对是你必须要做的；买一顶帽子，像样点的，把那项便帽扔掉，这会使你看起来像个成人而不是孩子，并且会使你看起来大方得体。我想这也正是你需要的。

　　2. 考虑一下自己究竟想要一份什么样的工作，想去一家什么样的公司。之后尽你所能搜集关于这家公司所有的信息，然后想出几个很好的理由，说明你为什么相信自己能胜任这个职位。

3. 然后你需要在面试时这样表达："我决定接受你所提供的这个职位。当然，我十分清楚自己要来这里工作的原因，我也知道自己在这个职位上可以给公司带来多少利润。如果你能告诉我该把帽子和大衣挂在哪里的话，我现在就可以投入工作。哦，没错，薪水！就只当我们忘了这回事吧，等我在这里工作一个星期之后再提这个。到那时如果你觉得我确实能为公司带来收益，再把薪水付给我。"

他遵从了我的建议。不到两个小时他又回到了我的办公室，他的鞋后跟已经修好了，头发也修剪过了。他脸上那种愁眉不展的表情已然不见，取而代之的是一副微笑的面容。我告诉他可以出发去找工作了。他离开了，不到一个小时，他给我打电话说他已经在新工作岗位上开始工作了。

内涵解读

    关于成功，不同的人有不同的看法。但是无论你认为成功是积累财富也好，或是为人类服务也好，除非你已经明确自己的目标，否则你是不可能有所作为的。

    商业世界需要那种对自己有足够信心，相信自己能按照规划去做的人。一百个人中有九十九个都会通过和谈、争辩，尽一切可能说服自己未来的老板，让他付给自己高起点的工资。

    事实上，一个人得到的酬金与他付出服务的数量和质量是成正比的。工作经验、年龄以及立场等因素与他该拿多少工资之间是没有必然联系的。除了他所提供的服务之外，一切都一文不值。

    如果某个人说："他并没有支付我不错的薪水，所以我不会做的。"那你不用担心这样的人会跟你竞争，他永远不会对你的工作造成威胁。你应该担心的是那种工作没做完就不离开自己办公桌的人，小心那些没有向你的职位发起挑战，不会哗众取宠的人。

    许多有能力的人在申请职位的时候往往会因为一个问题而陷入尴尬——你有工作经验吗？的确，现在的他也许并没有多少工作经验，但是事实上，他知道自己能胜任这份工作并会把它做好。不过尊严要求他必须如实回答，而这往往意味着面试就到此为止了。

现在，如果你也面临着这样的处境，可以试着这样对面试官说："难道你不认为我的工作表现会比我对自己的评价更能回答你的问题吗？每个人都倾向于美化自己，但如果你能告诉我应该把帽子和大衣挂在哪里的话，我可以立刻投入工作并向你展示我的能力，如果你并不欣赏，你不用付给我一分钱。"

这样一切问题都迎刃而解了，我想大多数人会愿意给你这样一个机会的。

你需要的实践

写一打求职信，发给不同的公司。你需要将上述我们所讲的内容融入你的求职信。

我下定决心要为你工作，而我所拥有的珍贵品质之一就是坚持到底。我想要应聘 XX 职位。在工作之初，你可以不支付我薪水，但当你认为我对你来说确实有某种价值并愿意雇佣我的时候，希望你可以根据我付出服务的数量和质量向我支付合理的薪水。

你可以将上面的例子作为你求职信的开端。如果你能仔细斟酌自己写信对象的特点，那么十二封信里你应该能收到至少六封对你表示接纳的回信。

当然，在信件的结尾，你应该全面介绍一下自己，阐明你为什么相信自己能胜任你所申请的这个职位，并向对方提供佐证。这样不仅可以节省时间，也避免浪费彼此的资源。

清理你的障碍

你想取得成功吗？我们每个人都想。那么，什么是成功呢？成功就是实现自己一生当中的主要目标。这个目标可能是获取金钱，也可能是取得某项能惠及全人类的伟大事业的领导权。在你真正取得成功之前，你不得不先扫除一切障碍，无论是主观的，还是客观的。

在我鼓足勇气准备应对时，

大堆的麻烦从我身边走过。

我说："你们这些可恶的麻烦，究竟要去哪里？"

"我们，"它们说，"要去寻找——"

"寻找那些悲伤饮泣——"

"那些满怀沮丧——"

"那些虚弱地希望向告别的人——"

"我们正向自己的目标进发。"

阅读笔记

在您阅读完本章内容后，请写下对本章要点的理解，以加深对它的感悟。

本章要点	得体的衣着不仅给自己加分，也是给予他人尊重。
个人说明	
本章要点	在开始起步时，请先告诉别人你能给他带来什么，而不是你需要多少报酬。
个人说明	
本章要点	推销自己，是你营销的最大挑战。
个人说明	

本周实践记录

请在深入理解本章内容后，将其用于工作实践，并记录每天的实践内容。

星期一

_____

_____

星期二

_____

_____

星期三

_____

_____

星期四

_____

_____

星期五

_____

_____

> 美丽使你引起别人的注意，睿智使你得到别人的赏识，而魅力却使你难以被人忘怀。
>
> ——索菲娅·罗兰

本周自我评价

请为您本周每天的工作表现进行评价，并为其打分。

1> 差　　2> 较差　　3> 一般　　4> 好　　5> 非常好

星期一 _____

_____

评分：_____

星期二 _____

_____

评分：_____

星期三 _____

_____

评分：_____

星期四 _____

_____

评分：_____

星期五 _____

_____

评分：_____

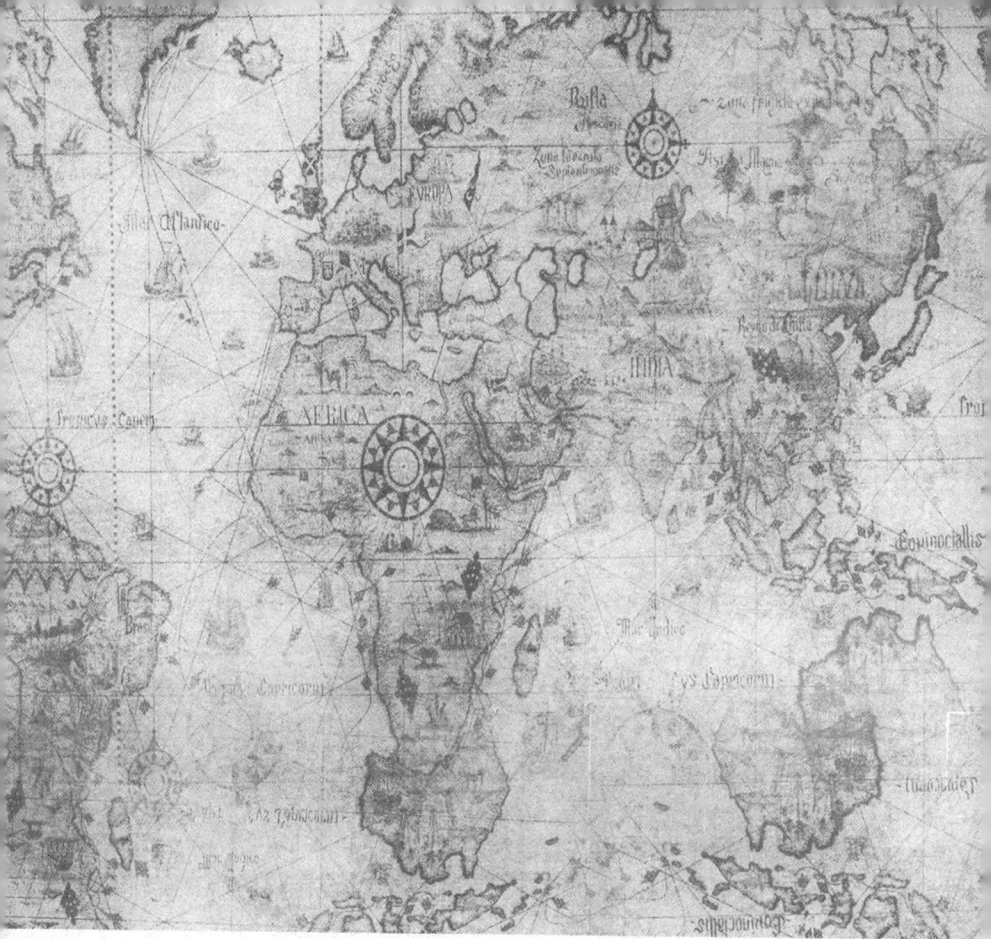

路标十　认　可

▶▶ 认 可

他人的认可

　　要想获得声名或者积累大笔财富，你都需要与同伴进行合作。无论何时，无论你处于什么职位，无论你想获取什么样的财富，你都必须得到同伴的支持。

　　要知道，你能得到多少财富或者多高的权力很大程度上要由你拥有的吸引力大小来决定。一个人如果能得到周围人善意的支持，那么他就能收获这些人权力范围内的所有东西，这一点是毋庸置疑的。

　　因此，如果你想最终抵达拥有声名或财富的富饶之地，你必须首先赢得同伴以及周围人的认可与肯定。

　　请总结，你和工作团队其他成员各自的优势与劣势是什么？

在你工作的团队中，你与团队成员产生过的最大分歧是什么？

_____

_____

你们是通过何种方法解决分歧，最终实现统一的？

_____

_____

回报原则

通过回报原则，你可以促使人们将你付出的东西以另一种形式送还给你，这一点无需怀疑。它不包含任何投机的成分，这是一条经过反复验证的商务原则。

我们要如何驾驭这个原则，使之为我们服务呢？

对于他人针对我们所进行的每一项活动，无论是合作性的还是敌对性的，我们都会持有一种"来而不往非礼也"的心态——以牙还牙或者投桃报李。如果对方与我们为敌，那么我们也必定以敌意回敬；而如果对方与人为善，那我们回报的一定是同等的善意。

一个到处寻衅滋事的人在一天之内会碰到很多愿意把他打倒在地的人——如果你曾有过寻衅滋事的经历，你就应该对此深有体会。一个总是面带微笑、对他人和言善语的人，无论走到哪里，得到的都会是他人善意的款待。这一点无须任何佐证。

行动是意愿的仆从。在你内心这座城堡里，你是主人，你可以按自己的意愿招待客人。这种意愿会指导我们的行动，帮助我们塑造一切与外部世界相关的东西。如果你内心有成功的渴望，那么你便拥有成功的先决条件——只要你能让这股欲望的火苗一直燃烧。

自我的认可

在整个宇宙之中，任何形式的事物都会被某种特定的东西吸引。例如，有着类似天性的心灵就能够感知彼此并建立起亲密关系。所以，你可以利用自己的天性，培养它们沿着某个既定的方向发展，然后把那些你渴望与之交往的人吸引到自己身边。

事实上，这是一种不变的自然法则，无论我们是否能够清晰地意识到它，它都会自然而然地起着作用。

心灵中最强大的一股力量便是自我暗示。在自我暗示的帮助下，我们能够自觉地在心中播种某种观念，然后通过不断地专注它，使它最终成为我们身体的一部分。它与我们自身的关系会变得非常紧密，以至于最终会控制我们的行为，指引我们的身体作出相应的举动。

无论世界会不会取笑你，请严肃地看待自己。有时，大众会盲目地取笑那些他们无法理解的事物，并嘲弄那些超出他们智商范围的东西。有太多内心蕴涵着天才火苗的人未使这簇火苗燃烧成火焰，只因为他们害怕被大众取笑。所以不要介意别人怎么想，真正重要的是你如何看待自己，重要的是你要相信自己。

重塑心中的磁石

想想你身边的朋友，如果你并不以他们为傲的话，那只能说明你自身也没有什么光彩可言，因为你就是那块吸引他们的磁石，你所呈现出来天性使那些与你心灵相通的人聚集在一起。

如果你想增加心灵的磁性以吸引高层次的人，那最好的方法便是以你所崇拜的人为原型在心里树起一种理想化的模型。

要做到这一点，有一种非常简单而有效的途径，即从其他相似的人身上吸取那些成功塑造了他们性格的"营养"，然后在自己的心灵中培养这种理想——它能像磁石一样吸引那些与之和谐共处的心灵。

举例来说，从华盛顿的身上抽取你最崇拜的品质，从林肯身上提取你最仰慕的品质，从杰斐逊身上吸取你最欣赏品质，从爱默生身上汲取你最羡慕的品质。之后你可以将这些品质混合在一起建立一种理想。换句话说，就是想象你自己拥有所有这些品质，不容许任何有悖这种理想的行为或想法存在。然后你会清晰地知道，你要做的便是努力使自己向这种理想靠近。当然，更重要的是，你要开始吸引那些能与这种理想相处和谐的人，无论是完全和谐还是部分和谐。

时间是医治谬误、失败以及痛苦的良药。如果你尝试过，失败了，请不要着急，时间会把命运之轮带到成功附近——只要你对自己拥有信心。

阅读笔记

在您阅读完本章内容后，请写下对本章要点的理解，以加深对它的感悟。

本章要点	要想赢得声名或者积累财富，你必须与同伴合作。
个人说明	
本章要点	请认真看待自我。
个人说明	
本章要点	学会吸收他人所长，实现完美互补。
个人说明	

本周实践记录

请在深入理解本章内容后，将其用于工作实践，并记录每天的实践内容。

星期一
_____
_____

星期二
_____
_____

星期三
_____
_____

星期四
_____
_____

星期五
_____
_____

> 我们可以通过改变自己的态度来改变生活，这是人类目前为止最伟大的发现。
>
> ——威廉·詹姆斯

本周自我评价

请为您本周每天的工作表现进行评价，并为其打分。

1> 差　　2> 较差　　3> 一般　　4> 好　　5> 非常好

星期一

_____

_____

评分：_____

星期二

_____

_____

评分：_____

星期三

_____

_____

评分：_____

星期四

_____

_____

评分：_____

星期五

_____

_____

评分：_____

路标十一 释放你的潜能

▶▶ 释放你的潜能

头脑刺激法

人类的大脑就像一块海绵。大家都知道，一块干海绵不会立刻吸水，你必须先把它放在水里，耐心等待直到它湿透，然后它才能恢复吸水的能力。人类的大脑也是这样。你必须先激起它的兴趣，否则它是无法抓住那些感官印象的。这些感官印象分别来自听觉、嗅觉、味觉、视觉，以及触觉。

这一事实是由福贝尔发现的。他一直想要创建一种通过激发孩子的兴趣从而引导孩子学习的教学系统。

如果你想成为学校里最优秀的老师，你可以通过玩耍的方式刺激学生的大脑，激发他们对某门学科的兴趣，这可以使他们在较短的时间里掌握这门学科，从而取得其他方式所不可能实现的效果。

如果你是一个领导，你可以设法激起工人对工作的兴趣，使他们热爱自己的工作，那么你也会因为下属的工作效率高而引起上司的注意。你可以通过竞争的办法来激发工人的兴趣，给那些高效率的员工以金钱形式的奖励。或者，你可以凭借额外的补贴、升职、休假、颁发奖励证书或者其他任何看起来适合他们的方法来进行奖励刺激。

激发自我的热情

福贝尔建立的那套刺激系统用了将近一百年的时间才得到认可和普及。所以从长远角度来说，任何能使人们产生建设性想法的事物对我们都是有利的。

请你记住，只有那些你亲身经历、独立思考，并最终得出的结论才拥有永久的价值。幸福是无法用金钱购买的，更无法通过借用、祈求或者偷窃等手段来获得。你必须在自己的头脑中构建它的框架，而如果你不能运用自己的头脑，无法理解幸福是什么，那你是不可能做到构建幸福框架这一点的。

要想感知自己的心灵，研究如何创造奇迹，那么最好的开端就是挖掘大脑的兴奋点、刺激自我的热情。当你掌握了完成双倍工作而不感到疲劳的方法时，你就会发现这种方法蕴涵着无限的可能性。你的潜力会以超乎想象的方式爆发，而那些曾经看似不可能实现的目标，原来也可以轻松完成。

小诀窍

　　如果你能有效地利用自己从周围环境中所汲取的东西来完善自己的性格，那你就能以自己喜欢的方式来重塑自我。你可以在身边挂上你所崇拜的人的照片，在房间的墙上贴上催人奋进的格言，把自己最喜欢的书摆放在经常能够到的地方，并且准备一支笔，在书中引发自己思考的地方添加备注，用那些最伟大最能鼓舞人心的思想充实自己的头脑。如果你能做到以上这些，那你很快就会发现自己的性格也沾染上了这些丰富的色彩。

内心的力量是无限的

　　对于自己的心灵，你究竟了解多少？对于他人的内心，你又了解多少？一位年迈的女士已经卧床十二载，连翻身都需要别人帮忙。某一天家里来了一个人，他似乎对心灵的力量稍有研究。他在得知这位女士的情况之后，把她身边的亲人都叫了过来，他保证如果他们全部离开这所房子并让女士明白她是完完全全一个人在屋子里的话，他就能治愈她的病。当所有人都出去后，他悄悄溜进了房间，在没有被女士发现的情况下，放了一把火，点燃了她的床。随着一声尖叫，这位女士一跃而起，抓起东西遮住自己就跑出了房间。从那天起，她离开了床。其实，她的身体没有任何问题，使她卧床不能起的是她的内心，而这也是使大部分人深陷贫穷、失败以及痛苦泥淖的根源。

学会利用自己出色的头脑

人类的头脑是由许多品质和天性组成的复杂整体。里面容纳了喜欢与厌恶、积极和消极、恨与爱、建设和破坏、善良与残忍。一个人占主要地位的品性很大程度上是由他所处的环境、所受到的训练决定的，同时也与他内心的想法有关，甚至可以说这种品性受制于这些想法。

任何一种长期盘踞于我们内心的想法都会吸引那些与它相似的人类品性。而通过自我暗示，任何想法都可以很快转化为行动。

了解人脑这个被我们称为奇妙机器的事物，是释放自身力量的基础。如果你想把自己从琐碎的烦恼和对金钱的渴望中解放出来，那途径只有一个，就是充分运用自己的大脑，给自己积极的暗示。如果你能理解并智慧地运用应用心理学中的原则，那么你就能将自己过往的失败转化为成功。

阅读笔记

在您阅读完本章内容后，请写下对本章要点的理解，以加深对它的感悟。

本章要点	不要局限自己，你永远不知道自己有多大的潜能。
个人说明	
本章要点	勇敢挑战自己，并相信自己"可以"！
个人说明	
本章要点	充分利用你出色的大脑、缜密的思维和奔放的热情，它们能帮助你走向成功。
个人说明	

本周实践记录

请在深入理解本章内容后，将其用于工作实践，并记录每天的实践内容。

星期一
_____

_____

星期二
_____

_____

星期三
_____

_____

星期四
_____

_____

星期五
_____

_____

> 多数人都拥有自己不了解的能力和机会，而任何人都有可能做到未曾梦想的事情。
>
> ——戴尔·卡耐基

本周自我评价

请为您本周每天的工作表现进行评价，并为其打分。

1> 差　　2> 较差　　3> 一般　　4> 好　　5> 非常好

星期一
_____
_____
评分：_____

星期二
_____
_____
评分：_____

星期三
_____
_____
评分：_____

星期四
_____
_____
评分：_____

星期五
_____
_____
评分：_____

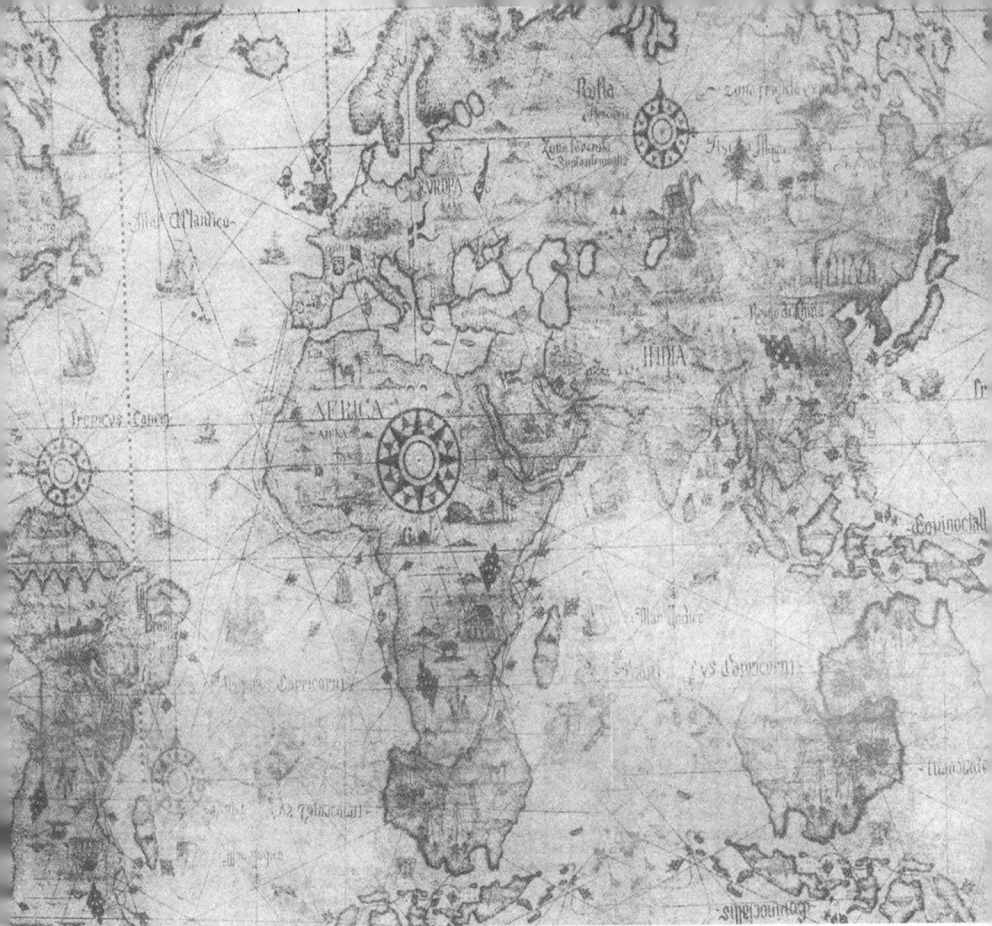

路标十二　毅　力

▶▶ 毅　力

想与做

　　带领人们走向成功的不是天赋——虽然有些人被认为是很有天赋的——更不是运气、家庭背景，或者财富！

　　人们走向成功的核心关键，用简单的话来概括就是，在了解了什么该做什么不该做之后，做事有始有终。

　　请仔细想想过去两年你的经历，在这个过程中你发现了什么？也许百分之五十的情况下，你会发现自己曾有过很多想法，开始实施过很多计划，但是所有的想法或者计划最终都半途而废！

　　你肯定听说过"拖延是盗走时间的魔鬼"这种说法，当然，这其中的意思很好理解。如果你只想着要完成某个任务，却不愿付出任何耐心和努力，那么你是不可能达成目标的——无论它是大是小，是重要还是不重要。

成功案例

几乎任何一个引领同行业的企业都会全力以赴地完成一个既定的计划或想法。

◆ 美国雪茄商店的商业化计划建立在一个简单之极的想法上，可是人们对这个想法倾注了全部的精力，因而他们实现了商业化的目标。

◆ 福特汽车公司也不过是专注于一个简单的计划而已，这个计划就是以尽可能低的价格向公众提供一种小巧便利的汽车，并最终进行批量化生产。在过去的十二年间，这个计划并没有多少实质性的改变，但却为福特公司带来了可观的收益。

◆ 蒙哥马利·沃德和西尔斯·罗巴克邮购零售公司是世界上最大的两家零售企业，他们始终坚持着一个简单的理念，这就是让购物者享受到团购的乐趣以及"不满意就退款"的政策。很显然这种理念给他们带来了不错的业绩。

这些成功案例如同一个个鲜明的旗帜竖立在如今激烈的市场竞争中，它们所强调的便是将想法与行动完美结合，并坚持到底。

请竭尽全力

我曾与一个人进行过交谈——他很聪明，而且从很多方面来看，是一个非常有能力的商人，但是他没有成功。原因在于他有很多的想法，却在这些想法得到验证之前他就放弃了。

我给他提了一个建议，这个建议很可能对他有用，但他却立刻回答说："噢，关于这一点我已经想过很多次了，而且有一次我试图尝试一下，但是没起到任何作用。"

★请注意这几个字——"试图尝试"。

这就是问题所在！

能取得成功的并不是那些仅仅"尝试"一下的人，而是那些无论如何都会坚持不懈、有始有终的人！

那些被称为天才的人其实并不是天赋异才——他们不过是规划了自己的人生，并为之付出了切实的努力而已。成功极少大量涌现，亦不会瞬间出现。伟大的成就通常都意味着漫长而耐心的付出。

成功贴士

请在新年伊始做如下两件事：

NO.1 为自己新的一年设定至少一个主要目标，然后把它写下来并签上你的名字。

我的目标是＿＿＿＿＿＿＿＿＿＿＿＿＿＿＿＿＿＿＿

＿＿＿＿＿＿＿＿＿＿＿＿＿＿＿＿＿＿＿＿＿＿＿＿＿

签名＿＿＿＿＿＿＿

NO.2 为你的目标制定一份行动计划

例如：

时间	目标任务	完成效果	自我评分
20＿.1-20＿.2			
20＿.3-20＿.4			
20＿.5-20＿.6			
20＿.7-20＿.8			
20＿.9-20＿.10			
20＿.11-20＿.12			

每个人的头脑里都蕴涵着巨大的能量，请将它释放到行动的阀门里！

完成你已经着手的所有任务，这是一门奇妙的艺术。促使这门艺术趋于完美的诀窍就是要养成做事有始有终的习惯——尤论这件事有多么微不足道。而一旦"有始有终"成为一种自然的习惯，那么你无须刻意努力就能自然地做到这一点。

阅读笔记

在您阅读完本章内容后，请写下对本章要点的理解，以加深对它的感悟。

本章要点	能取得成功的并不是那些仅仅"尝试"一下的人！而是那些无论如何都坚持不懈、有始有终的人！
个人说明	
本章要点	竭尽全力往往会令你有所收获。
个人说明	
本章要点	制定合理的规划来监督自己的行动，并确保其按时完成。
个人说明	

本周实践记录

请在深入理解本章内容后，将其用于工作实践，并记录
每天的实践内容。

星期一
_____

星期二
_____

星期三
_____

星期四
_____

星期五
_____

> 很显然，光明的前途并不属于那些犹豫不决的人，
> 而是属于那些一旦决定之后，就不屈不挠、不达目的
> 誓不罢休的人。
>
> ——罗曼·罗兰

本周自我评价

请为您本周每天的工作表现进行评价，并为其打分。

1> 差　　2> 较差　　3> 一般　　4> 好　　5> 非常好

星期一

_____

_____

评分：_____

星期二

_____

_____

评分：_____

星期三

_____

_____

评分：_____

星期四

_____

_____

评分：_____

星期五

_____

_____

评分：_____

路标十三　从失败中学习

▶▶ 从失败中学习

盘点失败原因

失败并不是一种个例，事实上，它的产生与存在都具有很多的共性。下面我们将列举造成失败的种种主观因素，请勾选其中你存在的问题。

□ 缺乏目标。如果缺乏明确的目标与奋斗方向，你的一切努力都会变得盲目，因而成功几乎毫无希望。

□ 缺乏自律。人，无可避免地存在一些消极思想与不良习惯。学会克制自己，主宰自己的行为，才能有机会去控制周围的环境。

□ 情绪消极。成功是由一切积极因素与力量推动的，情绪消极不止会扼杀你前进的动力，同时也不利于团队合作。

□ 缺乏毅力。在通往成功的路上，必然会存在挫折与坎坷，只有拥有顽强的毅力，克服一切困难，坚持到底，你才有机会走向完美的终点。

□ 办事拖沓。时间是有限的，机会是有限的，因拖沓而浪费的时间与机会，是不可能弥补的。也许你只错过一次，而失去的却是所有。

□ 投机取巧。希冀不劳而获会使你永远无法踏出成功的第一步。

□ 制造恐惧。很多东西是我们主观无法控制的，如疾病、衰老、死亡等，如果你因此而制造无谓的恐惧，便是为自己的旅途设置路障。

□ 目标不专。有太多的想法而不能专注于一个主要的目标，事事想要尝试，那么最终将无一成功。

□ 缺乏激情。没有激情的人如同一根朽木，青春已过，剩下的只有衰败。

□ 偏执。固执己见会阻断一切来自外界的有益信息，而将自己永远困在闭塞的谷底。

□ 虚荣心。虚荣使人架空自己，也令别人望而却步。

学会接受失败

● 这个世界上没有永远的失败。每一次跌倒，每一步倒退都会为成功增加一块基石。

● 失败让我们学会宽容，也让我们更懂得坚持。

● 每一次失败都是一份难得的教训，需要我们细细地揣摩。

如果你能在一连串的失败中站起来，而不是沉沦于失败的痛苦，那就表明你会在自己所选择的事业中到达成功的巅峰。

现在，请静下心来，想想这一年中你所经历的失败，然后反思一下，你是否从中有所收获。

拒绝借口

人们最常犯的一种错误就是为自己的失败寻找借口。在失败或者命运不济的时候拿他人当挡箭牌可能会使自己好受一点，但这样做对改善自己的处境来说是毫无益处的。

我们都喜欢被人赞美，没有哪个人愿意听到别人的指责。但是要知道，赞美有时候是一件非常有用的事物，它能督促我们继续努力，但是过多的溢美之词则会使我们停滞不前。

毫无疑问，那些你不喜欢的人、那些有勇气指出你错误的人、那些在人生这场游戏中远胜于你的人无可避免地都存在缺点，但是如果你执着于挑他们的毛病，证明他们也有缺点，那就只是在浪费自己的时间。即便你证实了这些，可对你而言这又有什么用呢？如果你能把这些时间花在审视自己、研究自己为何没能取得成功，以及如何清除自身缺点上的话，那就再好不过了。

这个过程当然没有掌声和崇拜那样让人受用，但是从长远来看，它会带给你更多好处。

错误和失败总是需要辩护，但成功却不言而喻。因此把时间花在获取成功上，你就无须再寻找任何借口了。

寻找推动力

一般来说，要想让某人做某件事情，有两种方式：一种是通过压制、强迫等手段，另一种是借助"魅力原则"。

任何事情，若是以惩罚为手段而实施，都会使人感到反感，甚至会引起他们的抵触。这时，无论这件事从另一种角度来看是多么有吸引力，都无法使他们产生丝毫动力。

我们可以用一句话来总结这种现象：人类喜欢被吸引，讨厌被逼迫。

所以，当你面对失败，打算重新开始的时候，请不要将惩罚作为自己下一次行动的推动力，这是不明智的行为。真正能帮助你前行的动力源于事物本身的吸引力，以及你自身的企图心。

新的起点

没有人愿意品尝失败的苦涩，但这却是不可避免的。对于我们来说，失败是一种磨炼，更是一个非常重要的学习过程。金融大鳄索罗斯说："我在发现错误的过程中得到了真正的快乐。"这是什么意思呢？在《索罗斯谈索罗斯》一书中，他解释说："对于很多人来说，犯错是羞耻的泥潭，可对我而言，意识到错误是骄傲的源泉。我们只要意识到人类在认识事物方面存在缺陷，那么犯错就并不可怕，真正可怕的是不去改正错误。"

所以，我们要做的是，吸取教训，重新开始。

● 放下你所谓的愚蠢的自尊。

● 分享错误，集思广益，认识错误的本质。

● 找准解决方法，重新开始尝试。

阅读笔记

在您阅读完本章内容后，请写下对本章要点的理解，以加深对它的感悟。

本章要点	错误和失败总是需要辩护，但把时间花在获取成功上，你就无须寻找任何借口了。
个人说明	
本章要点	真正能帮助你前行的动力源于事物本身的吸引力以及你自身的企图心。
个人说明	
本章要点	我们只要意识到人类在认识事物方面存在缺陷，那么犯错就并不可怕，真正可怕的是不去改正错误。
个人说明	

本周实践记录

请在深入理解本章内容后，将其用于工作实践，并记录每天的实践内容。

星期一
_____
_____

星期二
_____
_____

星期三
_____
_____

星期四
_____
_____

星期五
_____
_____

> 什么叫做失败？失败是到达较佳境地的第一步。
>
> ——菲里浦斯

本周自我评价

请为您本周每天的工作表现进行评价，并为其打分。

1> 差　　2> 较差　　3> 一般　　4> 好　　5> 非常好

星期一

_____

_____

评分：_____

星期二

_____

_____

评分：_____

星期三

_____

_____

评分：_____

星期四

_____

_____

评分：_____

星期五

_____

_____

评分：_____

路标十四　自我分析

▶▶ 自我分析

客观地认识自我

在这个世界上，大部分人不懂得自我分析。他们每天研究别人，殊不知自己才是那个最陌生的个体。所以，如果你想抓住每一次机遇，赢得成功，你就必须认识自我，进行自我剖析。

请完成如下自我分析问卷：

1. 你目前工作和生活的主要动力是什么？

2. 你今年的目标是否已实现？如果没有，原因是什么？

3. 较之前一年，你有了什么样的进步？

4. 目前，你最大的缺点是什么？你打算如何改正？

5. 你是否能以宽容之心对待他人？

6. 你经常能正确地分析判断事物吗？有没有固执己见的情况出现？

7. 你是否对时间、金钱进行了计划性地管理？

8. 目前，你对自己的生活有什么不满吗？

9. 请列出你未来一年的欲望清单。

10. 你的朋友对你有积极的影响吗？你从他们身上有何

收获？

11. 你内心向往的是何种生活？

12. 你对成功的定义是什么？

自我定位

每个人在生活中都扮演着多重角色：孩子、父亲、员工、团队决策者等等，不同的角色源于不同的环境。那么，如何才能演好自己的角色呢？你需要找准自己的位置。

请思考一下：

在工作中，什么情况下，你扮演的是协作者的角色？

_____

_____

在工作中，什么情况下，你扮演的是决策者的角色？

_____

_____

在不同的角色中，你都实现了何种价值？

_____

_____

对你而言，何种角色带给你更大的心理满足感？

_____

_____

实现自我价值

自我价值是一个人德行、能力的综合体现，而实现自我价值则是一种对自我需求的满足。事实上，成功便是实现自我价值的一种手段，它既印证了一个人的能力，又推动了周围社会环境的发展。

想要实现自我价值，你需要：

1. 选择合适的环境。要知道，你从事的行业应该是你所喜欢并甘愿为之付出的行业。一个你喜欢并适合你的环境，能帮助你激发自己的潜能，以更愉悦的过程实现自我价值。

2. 培养自身的能力。能力是衡量自身价值的关键，也是实现自我价值的重要内容。

3. 坚定信念。任何人都需要为自己的前行提供动力，而信念则是这种动力最好的燃料。

阅读笔记

在您阅读完本章内容后，请写下对本章要点的理解，以加深对它的感悟。

本章要点	自我剖析，客观地认识自我。
个人说明	
本章要点	准确定位，扮演好自己的角色。
个人说明	
本章要点	释放自己的潜能，实现自我价值。
个人说明	

本周实践记录

请在深入理解本章内容后，将其用于工作实践，并记录每天的实践内容。

星期一
_____

_____

星期二
_____

_____

星期三
_____

_____

星期四
_____

_____

星期五
_____

_____

> 世界上再也没有比纯粹的无知和认真的愚蠢更危险的东西了，而我们的骄傲多半是基于我们的无知。
>
> ——莱辛

本周自我评价

请为您本周每天的工作表现进行评价，并为其打分。

1> 差　　2> 较差　　3> 一般　　4> 好　　5> 非常好

星期一

_____

_____

评分：_____

星期二

_____

_____

评分：_____

星期三

_____

_____

评分：_____

星期四

_____

_____

评分：_____

星期五

_____

_____

评分：_____

启示录 1

关于成功

每个人都渴望成功，但能获得成功的只有极少数人。一般来说，当一个人已经获得了满足自己身体和精神所需的一切，并在这个过程中没有践踏其他人的利益，那他就算是一个成功人士。

但是事实上，很少有人认为自己是成功的，因为很少有人能得到自己想要的一切，前方总有某些东西是他想要却又够不到的。也许人类本性中的这一点正是促使人类得以不断进化的根本原因。据我所知，推动人类进化的动力有两个，一个是性冲动，另一个是对物质或权力的占有欲，当然后者所占比重更大。

如果你感到不满足，请不要为此感叹，因为没有哪个人是完全满足的，否则他就会停止成长。要知道如果没有了欲望，人就会停止奋斗。

最开始办杂志的时候，我们觉得如果某天能拥有十万读者就会很满足了。但是很快，这个有限的目标实现了，可我们又开始希冀能拥有一百万读者。新增加的几处分销社将会使我们轻而易举地实现这个目标，然后我们又会把自己的目标定在两百万，甚至三百万。

人类的心灵真是"既奇妙又可怕"。一旦你将自己的注意力集中于某个既定的目标之上，然后满怀信心，志在必得地去努力，似乎就会有一种看不见的力量与你合作，在成功路上祝你一臂之力。

无论你对成功的预期是什么，只要你能恰当地运用自己的智慧，你就能实现目标。事实上，与智慧相比，你的体能简直不值一提。请记住，你的智慧才是决定一切的关键！

人类借助飞行器实现了对天空的掌控，这是一个了不起的成就。但这个成就归根结底是由大脑所取得的，而不是肌肉，因为早在飞行器的具体形态出现之前，它就已经在发明者的大脑里产生了。

利用空气中的某种物质在地球上传递信息，并且无须借助电线，这也是一个令人赞叹的成就。但不得不承认这也是人类智慧的功劳。

成功似乎会在某一个奇妙的时刻，通过某一个看似偶然的事件，把王冠戴在某人的头上。但其实绝大部分的成功都来自有计划的努力，是周密计划和辛勤劳动的结果。

开发自己的心智需要十四种要素，所以请认真地审视自己，看看你究竟已经具备多少种要素，然后在这十四种要素的帮助下让自己的心智变得更加成熟，这样成功就离你不远了。

启示录 2

你有多圆滑

我曾收到过一位年轻读者的信，在信里他对我们大加指责，因为他曾来我们这里寻求一份工作，而我们的助手认为他不能胜任这个职位，因此拒绝了他的申请。

通常情况下，我们欣赏坚持不懈这种精神，但是如果做事不讲技巧和策略，那就另当别论了。一般来说，如果一个推销员在不断推销的过程中，与客户发生了争执，那成功的概率就非常小了。

这封充满怨气的信一共两页，其中不乏潇洒不羁、某种程度上来说有点"小聪明"的句子，但是一个令人痛苦且无法逃避的事实是，这封信使我们确信我们工作人员的判断是正确的，她确实应该拒绝这样一位即兴的应征者。一个笔尖沾满了刻薄墨水的作者是不可能为我们的杂志作出什么贡献的。我提到这件事是想说明：向愤怒屈服是多么危险的习惯。

请注意：

思考是人的第一天赋，表达自己的想法是人的第一欲望，而把想法传达给他人则是人类最宝贵的权利。

自制能使人适应任何环境，它是人们超越平庸、有所成就的一个必要条件。

或许在追求某种事物的过程中你失败了，但如果你能从这种失败中发现自己缺失的技能，并加以改善，那么你就是幸运的。而如果你像那个年轻人一样，把自己的失败归咎于你未来的雇主或者你的推销对象，那就非常不幸了。

圆滑，是我们大多数人不具备的一种东西。事实上，成功的推销员都是圆滑的，因为如果他不懂圆滑就不可能拥有卓越的推销技巧，继而就不可能取得巨大成功。

在漫长乏味甚至艰难的岁月中，我们收集分类了很多知识和信息——简单来说，就是学习了很多东西。在接下来的岁月里，我们要推销自己，要让这个世界相信我们确实具备某种实力。那些在推销自己时不懂圆滑、不讲究沟通策略的人将会遭遇重重危险。许多人都因为在某个错误的时刻说了太多真话，抑或是过于自由地表达了自己的观点而浪费了某个千载难逢的机会。

尽管我们知道，在我们生活的这个世界里有很多观点是错误的，但是我们选择把注意力集中在那些我们所熟悉的事物上面，这种策略似乎更可行——因为我们的杂志社正在飞速发展，并且运转良好。

反之，如果你对每一件令你不愉快的事都十分关注，你的人生道路是不可能平坦的。你越对这个世界表现你的憎恨，那么你所要憎恨的东西就越多。

让自己圆滑些，这是个不错的选择！

启示录 3

领导者的价值是什么

一个推销经理以五万年薪的酬劳被一个新机构雇用，而他手下一名推销员对此颇为不服，因为这位推销员的年薪只有经理的一半。

无论在过去还是将来，一个能站在领导位置上的人都是不可或缺的，而这样的领袖只有通过高薪才能聘请到。而事实上，他们的薪水高低总是由自己来决定的，不容别人置喙。

卡耐基通过任用那些具备领导才能的人，并且给予他们丰厚报酬，而使自己成为百万富翁。施瓦布（美国钢铁实业家）也是在同一法则的帮助下使自己成了钢铁行业最有权势的人之一。

不得不说，他们是明智的领袖。他们明白驱使他人为自己工作时对别人进行贬低是一种非常糟糕的策略，而按照预定标准选择那些有潜力的人，给予重任并支付可观薪水以使他们竭尽全力才是明智的选择。

启示录 4

怎样才能把自己的服务推销出去

世界上最大的市场就是人才服务市场。几乎每个人都有某种服务需要推销。

我们收到了一位年轻律师的来信，他想知道如何建立自己的顾客群，希望我们能给他一些建议。

下面是我回信中的部分内容，也许你也会感兴趣：

"大约十四年前我也刚刚开始做律师，因此对于你现在所处的困境也有所了解。

"如果现在我处在你的位置上，我会选择使自己成为一名极具魅力的公共演说家。我会把自己的工作做得非常出色，这样所有的报纸都不得不注意到我。我会弄清大众心里最关心的话题是什么，然后充分准备，使自己以权威的姿态就这些话题发表看法。

"一个有能力的演说家总是令人心生敬意。以上就是一个专业人士吸引公众注意力最有效的方式之一。如果你能利用这个方法并且辅之以圆滑和技巧，那么很快你就会发现自家院前门庭若市。"

　　无论如何，你都要学会独立自主，要学会在公众面前表达自己。如果有人支持你所说的话，那么很快也会有人需要你的服务。无论你从事哪个行业，尽全力展示自己都是不错的选择。

　　当然，你还要明白的是物以类聚。如果不能合理利用这一人类天性，你就等于是剥夺了自己接受最有力帮助的机会。要知道，你可以利用自己的人际关系为自己服务，但前提是你得保证自己有这么做的权利——先给予别人真诚的帮助！

　　拥有少数几个敌人其实也是幸运的，不过你必须拥有足够的智慧，能站在他人的立场上看待自己。敌意的目光可能多少会有点歪曲事实，但如果你能听听敌人如何评价自己，那么毫无疑问你能学到一些东西并借以提升自己。

启示录 5

领导才能

在一座大都市里有一家工厂失火了。在最上面几层工作的几百个女孩儿都面临着生命危险。下面几层浓烟滚滚，火势已经蔓延到了安全梯里，所有逃生的路线都被切断了。人们在外面焦急地等待着消防队员的到来。

在人群中有一个年轻人与众不同。他观察了形势，飞快地目测了这座起火的大楼与一巷之隔的另一座大楼之间的距离，然后就像全权负责人一样，向其他旁观者发出指令。几分钟后，他召集了六个壮汉并带着他们上了失火大楼对面那座楼的顶部。在上去的路上他捡了一根绳子，而他的六个追随者则拆除了一个广告牌。

这个自我任命的领袖把绳子的一端扔给了失火大楼窗边的一位女士，并指挥她把绳子拴牢。他爬上了这根绳子并随身携带着一块木板。那六个追随者帮助他将带上来的木板一块块地推了过去。很快，他们就在两座建筑物之间搭建了一座非常牢固的木桥。

当消防队员赶到的时候，失火大楼中大约三分之一的被困者已经脱离了危险！

要知道，当时并没人邀请这位年轻人来指挥现场，充当领袖！

领导的角色很少是别人邀请你来担任的，更多时候是你自告奋勇去充当的。任何企业都渴望一流的领袖，但领袖必须是那种自愿去做应该做的事情而无须他人指点的人。

有一个当时也站在人群中观看火势的人谈起这件事："哦，这没什么，任何人只要试一试都能做到的！"

他说得没错！任何人都能承担起风光无限的领导工作，只要上前一步接受就可以了。但事实是只有一个人看到了这个机会，并且自愿承担风险去完成这个任务。

任何领袖都不是受邀而担当的。他们都是凭借自己的进取心而走上了领袖的位置。他们之中大多数人起点很低，但他们都养成一个良好的习惯，那就是无论这些任务在不在自己的工作范围之内，或者有没有人付钱请自己去做，他们都愿意主动承担，并最终完成。

弗兰克·范德利普（纽约国家城市银行总裁）曾经不过是个速记员而已，但他并没有将自己的工作局限在速记职位所要求的范围之内。当然，如果当时他仅仅承担分内的责任，有怎么可能像今天这样成为一家金融机构的领袖呢？

詹姆斯·希尔（美国大北铁路公司创办者）曾经是一个

电报员，如果他只是坚持按照工会约定的工时去做，那他也永远不可能成为一个伟大的铁路建造者。

锻炼自己的领导才能，你需要做的仅仅敢于去承担自己职责之外的任务，并将其出色完成。

后 记

1908 年，年轻的作家拿破仑·希尔采访了美国钢铁公司创办人安德鲁·卡内基，并且接受了卡耐基提出的研究成功人士习惯的建议。卡内基告诉希尔："一种成功哲学能帮助更多人走向成功。"希尔愉快地接受了这个长达二十年的任务，目的在于探索出一门成功哲学，并把它传授给他人。希尔在他的一次演讲中提到，当卡内基说到"成功哲学"的时候，他曾专门跑到图书馆去查"哲学"这个词的含义。

1910 年，希尔接到任务，去底特律采访福特汽车公司创始人亨利·福特。当时的福特汽车公司已经开始实现批量生产，而福特汽车也已成为工薪阶层消费得起的商品。

在希尔采访福特的过程中，福特热切地向希尔推销福特汽车。最终希尔对福特汽车动了心，买了一辆五百七十五美元的车并开回了家。要知道这笔钱可能是他夫人的嫁妆。

在采访结束回到华盛顿之后，希尔设立了华盛顿汽车学院，专门教人们如何推销汽车。

终其一生，希尔都对汽车都有种特别的感情。在他成长的那片偏远地区，很少有人能买得起车，因此，对希尔以及那里的很多人来说，汽车几乎是财富的象征。当他的第一本书出版的时候，他花两万五千美元买了一辆劳斯莱斯，这在当时是很大一笔钱。

在一部关于希尔的传记《一生的财富》中，作者写道：

"就像其他千千万万出身贫困的美国人一样，希尔注定会崇拜托马斯·爱迪生那样的人——一个发明了电灯、留声机奇才；还有安德鲁·卡内基——一个如爱迪生一样几乎没受过什么教育，却创办了美国钢铁公司的人；以及亨利·福特——福特汽车公司的创办人。"当然，除此之外还有很多白手起家的人，他们注定要被他人崇拜的目光环绕。希尔对这一现象十分困惑：为什么有些人成功了，而有些人却注定失败呢？和其他人一样，希尔渴望着有一天能邂逅这些成功的巨人，并从他们身上汲取那些使他们取得了非凡成就的智慧。

但是和其他大多数崇拜者不同的是，拿破仑·希尔有实现自己梦想的决心。他不满足于仅仅邂逅那些伟大的成功者，或者是使别人记住自己，他要实现的是倾其一生获取他们成功的秘诀，并把他们成功的秘诀传授给世人。